DeepSeek
核心技术揭秘

卢菁　戴志仕　著

電子工業出版社
Publishing House of Electronics Industry
北京 · BEIJING

内 容 简 介

本书深入剖析DeepSeek的核心技术，介绍了提示词的原理与高级应用，对DeepSeek的模型架构、训练框架，以及MoE优化、MLA、思维链、GRPO算法、奖励模型等技术细节进行了探讨。此外，本书对DeepSeek给人工智能行业格局带来的影响及DeepSeek的开源贡献进行了分析，对大模型的发展趋势进行了展望。

本书适合人工智能研究人员、开发人员及大模型相关技术爱好者阅读，也为关注人工智能领域技术发展的从业人员提供了参考与借鉴。

图书在版编目（CIP）数据

DeepSeek核心技术揭秘 / 卢菁，戴志仕著. -- 北京 : 电子工业出版社，2025. 5. -- ISBN 978-7-121-50124-1

Ⅰ. TP18

中国国家版本馆CIP数据核字第2025VL2485号

责任编辑：潘　昕
印　　刷：北京利丰雅高长城印刷有限公司
装　　订：北京利丰雅高长城印刷有限公司
出版发行：电子工业出版社
　　　　　北京市海淀区万寿路173信箱　　　　邮编：100036
开　　本：787×980　　1/16　　印张：10.25　　字数：210千字
版　　次：2025年5月第1版
印　　次：2025年5月第1次印刷
定　　价：79.00元

凡所购买电子工业出版社图书有缺损问题，请向购买书店调换。若书店售缺，请与本社发行部联系，联系及邮购电话：（010）88254888，88258888。

质量投诉请发邮件至zlts@phei.com.cn，盗版侵权举报请发邮件至dbqq@phei.com.cn。

本书咨询联系方式：panxin@phei.com.cn。

前　言

写作目的

2025 年年初，DeepSeek 成为全球人工智能（AI）领域的焦点，其 DeepSeek-V3 和 DeepSeek-R1 版本在行业内引发了结构性震动。

本书是剖析 DeepSeek 技术原理的专业技术书，以全面的内容、深入的技术原理解析和前瞻性的行业洞察，为技术人员、研究人员和大模型相关技术爱好者提供了宝贵的学习资料，也为关注人工智能领域技术发展的从业人员提供了重要的参考与借鉴。通过阅读这本书，读者可以深入了解 DeepSeek 的技术细节，快速掌握大模型领域的前沿知识，洞察其对行业格局的影响，从而更好地把握人工智能发展的脉络，提升自身在该领域的专业素养和竞争力，为未来的职业发展和个人成长奠定坚实的基础。

本书架构

第 1 章介绍 DeepSeek 的一系列技术突破与创新，如架构创新、训练优化、推理与部署优化等，让读者对 DeepSeek 的性能突破形成直观的认识。同时，介绍 DeepSeek 的模型家族，涵盖通用语言模型、多模态模型、代码生成与理解等领域，展现了 DeepSeek 在大模型的不同细分领域取得的成就。

第 2 章为初学者深入浅出地讲解 DeepSeek 的使用方法。从推理模型与通用模型的差异，到具体的使用案例，读者可以直观地感受 DeepSeek 在实际应用中的强大功能。对提示工程的详细介绍，可以帮助读者了解如何通过精心设计的提示词更好地发挥 DeepSeek 的能力。对提示词链的高级使用技巧的介绍，为读者进一步提升 DeepSeek 使用效果提供参考。

第 3 章和第 4 章是本书的核心与精华。

第 3 章深入剖析 DeepSeek-V3 的模型架构、训练框架、推理阶段优化、后训练优化等关键技术。从混合专家模型（MoE）的起源与发展，到 DeepSeek-V3 的 MoE 优化，再到对多头潜在注意力（MLA）机制和多 token 预测的详细解读，帮助读者全面了解 DeepSeek-V3 在技术上的先进性和创新性。同时，对训练框架的并行策略、FP8 混合精度训练及推理阶段的优化等内容的深入分析，展示了 DeepSeek 在提升效率和性能方面的不懈追求。

第 4 章关于 DeepSeek-R1 的技术剖析同样精彩纷呈。预备知识的介绍为读者理解后续内容打下了坚实的基础。对 DeepSeek-R1-Zero 的组相对策略优化（GRPO）算法、奖励模型等关键技术的深入剖析，可以帮助读者了解 DeepSeek 在强化学习领域的创新性探索。对 DeepSeek-R1 的训练过程和推理能力的蒸馏等内容的详细阐述，能让读者对这一创新技术的特点有全面的认知。

第 5 章从宏观的角度分析 DeepSeek 对人工智能技术格局的影响，包括打破硬件依赖迷思、冲击英伟达 CUDA 护城河、引发大模型技术路线的重新思考等多个方面。同时，总结了 DeepSeek 成功背后的启示，如领导者敏锐的技术直觉、长期主义的坚持、极致的工程优化等，为读者提供了宝贵的经验和启示。

第 6 章对 DeepSeek“开源周”的多个技术项目进行了深入的分析。通过对 FlashMLA、DeepEP、DeepGEMM、DualPipe 与 EPLB、3FS 等项目的介绍，展示了 DeepSeek 在开源领域的积极探索，体现了其推动大模型技术普及和发展的决心。这些技术项目的详细解读，能让读者了解 DeepSeek 在降低人工智能技术门槛、促进技术交流与合作方面的巨大贡献。

第 7 章对大模型的发展进行了讨论。从 MoE 的发展趋势、MLA 的展望，大模型的训练方法、推理部署，到 GPU 硬件及推理模型的发展趋势，以前瞻性的视角为读者描绘了大模型的发展蓝图。

本书将带领读者走进 DeepSeek 的神秘世界，领略大模型技术的魅力，开启一段探索人工智能未来的奇妙旅程。无论您是对大模型技术感兴趣的初学者，还是在该领域深耕多年的专业人士，本书都值得一读。它将帮助您更好地把握人工智能技术的发展趋势，提升自身的技术水平和创新能力，为您在人工智能领域的发展提供有力的支持。

致谢

感谢刘嘉浪（硕士，国防科技大学）、詹佳磊（博士，国防科技大学）和谢宇航（硕士，西安电子科技大学）为本书写作提供的帮助。

本书成书较为仓促，如有不足之处，还请读者批评指正。

目　　录

第 1 章　技惊四座的 DeepSeek

1.1　石破天惊的产品发布

2025 年年初，全球人工智能领域的焦点集中在一家来自中国的初创公司——杭州深度求索人工智能基础技术研究有限公司（DeepSeek）。这家公司凭借其推出的 DeepSeek-V3 和 DeepSeek-R1 两款产品，在行业内引起了巨大的震动。

DeepSeek-V3 于 2024 年 12 月 26 日正式上线，它是深度求索公司在 DeepSeek LLM 之后推出的又一力作。DeepSeek-V3 是一个拥有 6710 亿个参数的混合专家模型（MoE），每个 token（模型处理文本的基本单位）激活 370 亿个参数。该模型在 14.8 万亿个高质量 token 上进行预训练，采用 MLA 和 MoE 架构。这些架构在 DeepSeek-V2 中已经得到验证，并在 DeepSeek-V3 中得到了优化升级。DeepSeek-V3 的发布几乎没有预热和炒作，仅凭借其出色的效果和超低的成本迅速走红。

紧接着，在 2025 年 1 月 20 日，DeepSeek 正式发布了 DeepSeek-R1 模型，并同步开源了模型权重。DeepSeek-R1 是基于 DeepSeek-V3 基座模型开发的，专门针对高级推理任务进行了优化。该模型在后训练阶段大规模使用强化学习技术，通过创新的训练方法，实现了强大的推理能力和泛化能力。

在多项基准测试中，DeepSeek-V3 的表现优于 GPT-4 等主流闭源模型，在长文本处理、代码生成和数学推理等领域展现了顶尖性能，如表 1-1 所示。DeepSeek-V3 的生成速度也得到了显著提升，达到 60TPS。

表 1-1 DeepSeek-V3 在基准测试中的表现

模型名称	准确率					
	MMLU-Pro（E/0）	GPQA Diamond（Pass@1）	MATH-500（E/0）	AIME 2024（Pass@1）	Codeforces（Percentile）	SWE-bench Verified（resolved）
DeepSeek-V3	75.9%	59.1%	90.2%	39.2%	51.6%	42.0%
DeepSeek-V2.5	66.2%	41.3%	74.7%	16.7%	35.6%	22.6%
Owen2.5-72B-Inst	71.6%	49.0%	80.0%	23.3%	24.8%	23.8%
LLaMA-3.1-405B-Inst	73.3%	51.1%	73.8%	23.3%	25.3%	24.5%
GPT-4o-0513	72.6%	49.9%	74.6%	9.3%	23.6%	38.8%
Claude-3.5-Sonnet-1022	78.0%	65.0%	78.3%	16.0%	20.3%	50.8%

DeepSeek-R1 则是在 DeepSeek-V3 的基础上构建的推理模型，它在后训练阶段大规模使用强化学习技术，仅凭极少标注数据便大幅提升了模型的推理能力。在数学、代码、自然语言推理等任务上，DeepSeek-R1 的效果已可比肩 OpenAI-o1 正式版。DeepSeek-R1 在基准测试中的表现如表 1-2 所示。

表 1-2　DeepSeek-R1 在基准测试中的表现

模型名称	准确率					
	AIME 024（Pass@1）	Codeforces（Percentile）	GPQA Diamond（Pass@1）	MATH-500（Pass@1）	MNLU（Pass@1）	SWE-bench Verified（Resolved）
DeepSeek-R1	79.8%	96.3%	71.5%	97.3%	90.8%	49.2%
OpenAI-o1-1217	79.2%	96.6%	75.7%	96.4%	91.8%	48.9%
DeepSeek-R1-32B	72.6%	90.6%	62.1%	94.3%	87.4%	36.8%
OpenAI-o1-mini	63.6%	93.4%	60.0%	90.0%	85.2%	41.6%
DeepSeek-V3	39.2%	58.7%	59.1%	90.2%	88.5%	42.0%

DeepSeek-V3 以其卓越的性能和极低的训练成本（如表 1-3 所示，总计 557.6 万美元，仅为 LLaMA 3 训练成本的 1/10），成为 AI 领域的“拼多多”，在性能上直接对齐海外领军的闭源模型，引发了全球资本市场的巨震。2025 年 1 月 27 日，DeepSeek 的应用程序成为美国苹果应用商店下载次数最多的免费应用程序。之前构建的“OpenAI+NVIDIA”的技术和商业体系被打破，诞生了新的游戏规则，英伟达（NVIDIA）等芯片巨头的股价受到冲击。DeepSeek 的开源策略更是引发了全球范围内的复现狂潮，推动了 AI 技术的民主化和普惠化。

表 1-3　DeepSeek-V3 的训练成本

训练成本	预训练	上下文扩展	后训练	总计
以 H800 GPU 小时为单位	266.4 万	11.9 万	0.5 万	278.8 万
资金成本（万美元）	532.8	23.8	10	557.6

DeepSeek 不仅在技术上取得了突破，还在商业应用上展现了巨大的潜力。其应用上线仅 20 天，日活用户数就突破 2000 万，成为全球增速最快的 AI 应用，如图 1-1 所示。这一现象不仅展示了 DeepSeek 技术的强大吸引力，也预示着其在未来 AI 市场中的巨大影响力。

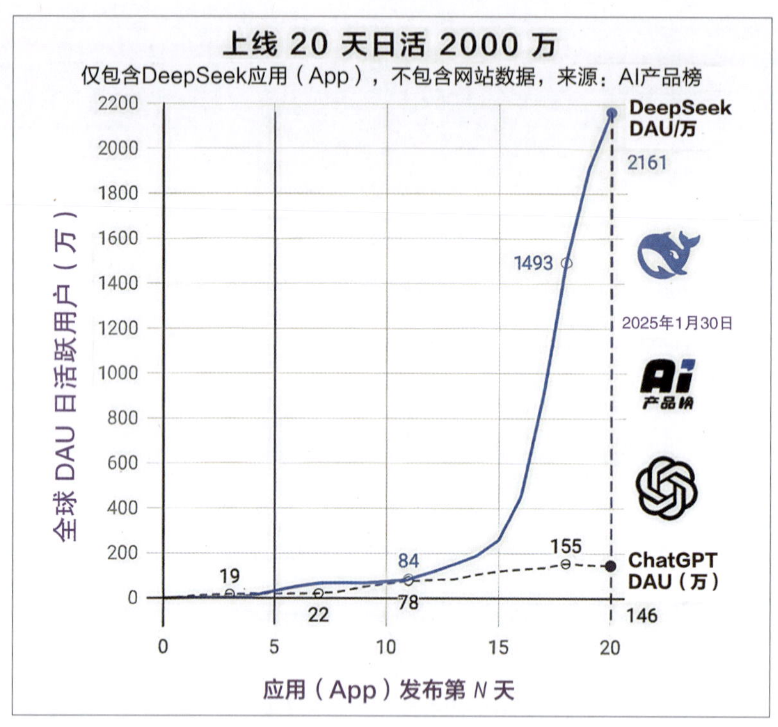

图 1-1　DeepSeek 日活用户增长图

1.2　DeepSeek-V3 和 DeepSeek-R1 可以做什么

DeepSeek-V3 和 DeepSeek-R1 都是开源且可免费商用的模型，能够为用户和开发者提供多种强大的功能，支持联网搜索与深度思考模式，支持文件上传，能够扫描、读取各类文件及图片中的文字内容，满足智能对话、文本生成、语义理解、计算推理、代码生成与补全等多种需求。DeepSeek 的能力图谱如图 1-2 所示。

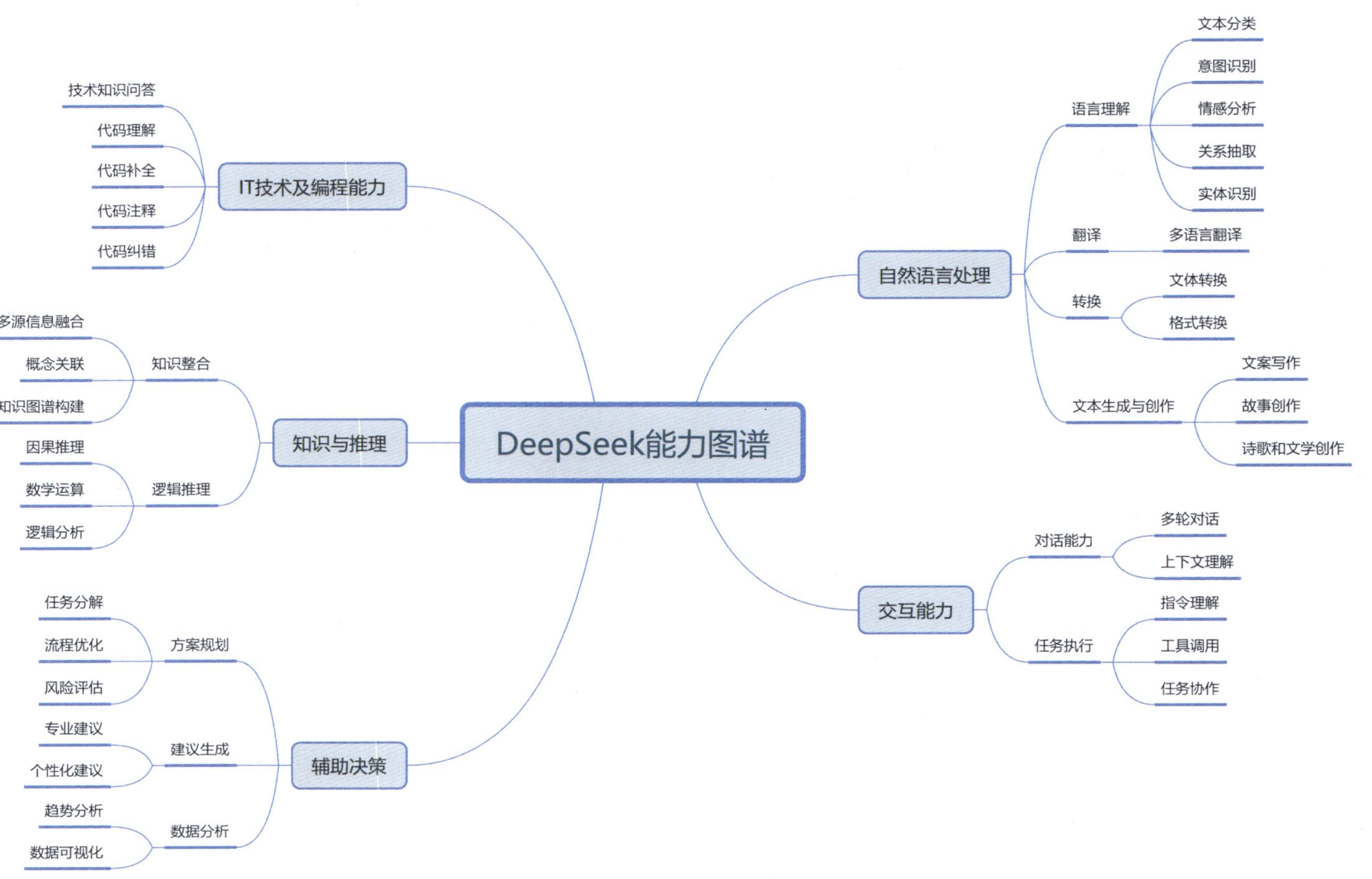

图 1-2　DeepSeek 的能力图谱

DeepSeek 在常见的应用场景下有出色的表现，并且极具特色，以下是 DeepSeek 的一些应用场景的详细介绍。

◎ 文本生成与创作：DeepSeek 能够生成高质量的文本内容，涵盖多种类型和风格。它不仅可以创作文章、故事、诗歌等文学作品，还能生成营销文案、广告语、社交媒体内容等商业文本。此外，DeepSeek 支持生成表格、列表（如日程安排、菜谱），以及文档撰写，满足用户在不同场景下的文本创作需求。

◎ 自然语言理解与分析：DeepSeek 具备强大的自然语言理解能力，能够进行知识推理、逻辑问题解答和因果分析。它可以分析文本的语义，提取实体（如人名、地点、事件），识别情感倾向，判断意图，为用户提供深度的文本分析和理解功能。这些功能使 DeepSeek 在客服对话、用户查询处理等场景下表现出色，能够快速、准确地理解用户需求并提供相应的解决方案。

◎ 编程与代码支持：对开发者而言，DeepSeek 是一个强大的编程助手。它能够根据需求生成代码片段（支持 Python、JavaScript 等多种编程语言）并自动补全代码、生成注释。此外，DeepSeek 可以进行代码调试，分析错误并提供修复建议，优化代码性能，生成技术文档和 API 文档，帮助开发者提高编程效率，降低代码编写和调试的时间成本。

◎ 多语言翻译与本地化：DeepSeek 支持多语言翻译和本地化服务，能够将文本从一种语言准确地翻译成另一种语言，同时保留原文的语义和风格。这一功能对跨国企业、翻译机构及需要跨语言交流的用户来说非常实用，能够帮助他们快速实现文本的多语言转换，提高工作效率，促进不同语言用户之间的信息流通。

◎ 智能对话与交互：DeepSeek 可以与用户进行智能对话，支持联网搜索和深度思考模式。它能够根据用户的输入提供实时的反馈和建议，解答各种问题，并根据对话内容进行逻辑推理和知识拓展。这种智能对话功能可应用于智能客服、虚拟助手、教育辅导等多个领域，为用户提供个性化的交互体验。

◎ 复杂任务推理与决策：DeepSeek 的推理模型（如 DeepSeek-R1）在逻辑推理、数学推理和实时问题解答方面表现出色。它能够处理复杂的逻辑问题，进行数学计算和证明，分析数据并提供决策建议。例如，在商业决策场景下，DeepSeek 可以基于数据分析和市场趋势预测，为用户提供最优的决策方案；在学术研究场景下，DeepSeek 可以帮助研究人员进行复杂的理论推导和实验设计。

◎ 文件与图片内容读取：DeepSeek 支持文件上传功能，能够扫描、读取各类文件（如 TXT、PDF、Word 文档）及图片中的文字内容，并根据用户的需求进行处理和分析。这一功能使用户可以方便地将现有的文档和图片资料输入 DeepSeek，获取其中的关键信息，进行进一步的创作或者提供分析决策支持。

◎ 创意激发与创新应用：DeepSeek 不仅能够完成既定的任务，还能够激发用户的创造力。它可以通过与用户互动，帮助用户拓展思维并提出新的创意和解决方案。例如，在产品设计、广告创意、科学研究等领域，DeepSeek 可以作为创意的催化剂，为用户提供灵感和思路。

◎ 教育与学习支持：DeepSeek 在教育领域具有广泛的应用潜力。它可以为学生提供个性化的辅导，解答学科问题，生成学习资料和练习题；为教师提供教学内容设计、课程大纲制定、教学方法建议等支持。此外，DeepSeek 可以作为学习语言的工具，帮助用户提高语言表达能力和跨文化交流能力。

DeepSeek 以其强大的功能和广泛的应用场景，为用户提供了便捷、高效、智能的解决方案。无论是在工作、学习中，还是在生活中，DeepSeek 都能成为用户的得力助手，帮助用户更好地应对各种挑战，实现更高的效率，获得更好的成果。

1.3　DeepSeek-V3 的技术突破与创新

DeepSeek-V3 的模型架构整体上基于 Transformer 的 MoE 架构，并在细节实现上做了大量的创新和优化，如大量小专家模型、多头潜在注意力、无辅助损失的负载平衡、多 token 预测技术（MTP）等，大幅提升了模型的性能。

在模型训练方面，DeepSeek 依托自研的轻量级分布式训练框架 HAI-LLM，通过算法、框架和硬件的紧密配合，突破了跨节点 MoE 训练中的通信瓶颈，实现了高效稳定的训练。DeepSeek-V3 是业界率先使用 FP8 进行混合精度训练的开源模型。

在推理部署方面，DeepSeek-V3 采用预填充（Prefilling）和解码（Decoding）分离的策略，以及冗余专家策略，在提高推理速度的同时确保了系统的稳定性和可靠性。

1.3.1 架构创新

1. 大量小专家模型设计与智能激活策略

DeepSeek-V3 的混合专家模型架构，拥有 6710 亿个参数，但每个 token 仅激活 370 亿个参数。与其他混合专家模型（如 LLaMA 3）不同，这是一种大量小专家模型设计，每个小专家网络负责处理特定的输入子集，从而实现计算资源的高效利用。DeepSeek-V3 通过精心设计的路由机制，能够智能地将输入数据分配给不同的专家网络，确保每个 token 只激活最相关的专家（1+8 个专家），显著降低了计算成本，在不影响效果的同时保持了高性能。

2. 多头潜在注意力机制

大模型为了提升推理速度，一般会使用键值缓存（KV Cache）对已经计算好的中间过程进行缓存，避免重复运算。这个方法采用以空间换时间的策略，会给宝贵的显存造成压力。DeepSeek-V3 引入 MLA，通过低秩压缩键—值矩阵，大幅减少了键值缓存的内存占用。具体而言，MLA 将输入向量通过低秩矩阵投影到潜在空间，再通过逆变换恢复原始维度。这种低秩压缩技术不仅降低了内存占用率，还提升了模型的推理效率（特别是在处理长文本序列时）。

3. 无辅助损失的负载均衡策略

在 MoE 中，负载均衡是一个关键问题。不同专家的负载不均衡会导致计算资源的浪费，并且大量专家没有经过足够的激活会导致训练不充分，模型实际效果会变差。尽管传统方法依赖辅助损失函数强制平衡负载，但这只能起到缓和作用，很难彻底解决问题，甚至增加了训练复杂度。

DeepSeek-V3 巧妙地提出了一种无辅助损失的负载均衡策略，通过动态路由偏置调整来解决这一问题。具体来说，为每个专家分配一个动态偏置项，根据专家的负载情况自动调整偏置项的值：若负载过高，则减小偏置项；反之，则增大偏置项。该策略无须引入辅助损失函数，从而避免了对模型性能的负面影响。实验表明，该策略显著提高了 MoE 的利用率，提升了训练的稳定性。

上面的方法从全量数据上对专家进行均衡，而 DeepSeek-V3 采用了辅助损失函数，对单条数据进行均衡。

4. 多 token 预测技术

DeepSeek-V3 引入了 MTP，通过预测多个未来的 token 增强文本生成能力。在标准的自回归语言模型（如 GPT、LLaMA、Qwen）中，每次仅预测一个 token，而这会限制模型在长文本生成任务中的表现。MTP 技术允许模型在每次推理时预测多个 token，从而提高了生成效率和连贯性。此外，MTP 技术可结合投机算法用于推理，进一步加速推理过程。在基准测试中，MTP 技术显著提升了模型的整体性能。

1.3.2 训练优化

1. 高效的训练

DeepSeek-V3 在 14.8 万亿个多样且高质量的 token 上进行了预训练，与 DeepSeek-V2 相比，通过增加数学和编程样本的比例，同时将语言覆盖范围扩展到英文和中文之外，优化了预训练语料库。

为了实现高效的预训练，DeepSeek 研究团队采用了多项创新策略。

DeepSeek 研究团队依托自研的高效且轻量级的训练框架 HAI-LLM，通过算法、框架和硬件的紧密配合，采用了一种名为 DualPipe 的流水线并行策略，突破了跨节点 MoE 训练中的通信瓶颈，实现了计算与通信的高度重叠。这种优化大幅提升了训练效率，降低了训练成本，同时支持更大规模模型的训练而无须额外的开销。最终，DeepSeek-V3 仅用 266.4 万 H800 GPU 小时就完成了预训练，打造了一个强大的开源基础模型。

DeepSeek 研究团队开发了 FP8 混合精度训练框架，首次在超大规模模型上验证了 FP8 训练的可行性和效果。通过采用 FP8 计算和存储技术，DeepSeek 显著提升了训练速度并降低了 GPU 占用率。

DeepSeek-V3 的训练过程极为稳定。在整个训练过程中，未出现任何不可恢复的损失峰值，也无须进行任何回滚操作。与之相比，LLaMA 的论文报告了在 54 天的训练快照期间有 419 次意外和 47 次预期的故障或中断。DeepSeek 的这种稳定性正得益于算法、框架和硬件三者的紧密配合与协同。

2. 知识蒸馏与性能提升

在后训练阶段，DeepSeek-V3（特别是 DeepSeek-R 系列）引入了一种创新的知识蒸馏方法，将思维链（CoT）模型的推理能力转移到其他规模的大模型（如 LLaMA、Qwen 系列）中。具体来说，先利用内部的 DeepSeek-R1 模型生成数据，并通过特定的训练流程构建专家模型作为数据生成器，生成高质量的训练样本，再利用这些样本训练其他模型。这种方法成功地将 DeepSeek-R1 的验证和反思机制整合到 DeepSeek-V3 中，显著提升了 DeepSeek-V3 的推理能力。代码和数学等领域的基准测试表明，这种蒸馏方法显著提升了模型的性能。

1.3.3 推理与部署优化

1. 预填充和解码分离

DeepSeek-V3 采用预填充和解码分离的策略。这种策略能够显著提升模型的吞吐量并降低解码延时。在实际部署中，预填充阶段负责处理输入文本的初始编码，解码阶段则专注于逐步生成输出文本。这种分离使模型能够更高效地处理大规模的输入和输出，同时优化资源的利用。

2. 冗余专家策略和动态路由策略

DeepSeek-V3 在推理阶段引入冗余专家策略，确保每个 GPU 处理近似数量的 token，避免了负载不均衡。此外，DeepSeek-V3 探索了动态冗余策略，在每个推理步骤中动态选择激活的专家，进一步优化了推理过程。这种策略不仅提高了推理速度，还确保了模型的稳定性和可靠性。

1.3.4 效果的全面提升

DeepSeek-V3 在多个基准测试中表现出色。例如，在 MMLU、MMLU-Pro 和 GPQA 等基准上，DeepSeek-V3 的表现显著优于其他开源模型，性能与领先的闭源模型相当。此外，DeepSeek-V3 在中文事实知识方面也有明显的优势。

1.4 DeepSeek-R 系列的技术突破与创新

DeepSeek-R1 的定位是对标 OpenAI-o1 的推理模型。OpenAI-o1 的推理模型并没有开源，也没有公开任何技术原理，相关研究资料少之又少。人们一般认为 OpenAI-o1 是通过增加思维链的长度实现推理时扩展（Inference-time Scaling）的。尽管开源社区和许多研究机构一直在努力复现 OpenAI-o1，但都没有达到 OpenAI-o1 的水平。

DeepSeek-R1 经过两个模型版本（DeepSeek-R1-Zero 和 DeepSeek-R1）的探索，成功地开创了一条增强大模型推理能力的技术道路，即以强化学习为主导，综合运用其他训练手段进行迭代训练。通过这条技术道路训练出来的模型，不仅达到了 OpenAI-o1 的水平，而且成本远低于 OpenAI-o1。

DeepSeek-R1-Zero 是一个预研性质的模型，主要探索使用纯强化学习训练大模型推理能力的可行性。DeepSeek-R1 是在总结 DeepSeek-R1-Zero 研究成果的基础上，基于 DeepSeek-V3-Base，以强化学习为主导，综合多种训练手段打造的推理大模型。下面分别概要介绍这两个版本的模型的技术突破与创新，详细的技术剖析见第 4 章。

1.4.1 DeepSeek-R1-Zero 的技术突破与创新

1. 纯强化学习训练

DeepSeek-R1-Zero 的核心创新之一是采用纯强化学习（Reinforcement Learning，RL）进行训练。这一方法颠覆了传统的依赖有监督微调（Supervised Fine-Tuning，SFT）和人类反馈强化学习（Reinforcement Learning from Human Feedback，RLHF）的训练模式，首次验证了无须任何 SFT 数据，仅通过强化学习即可实现推理能力的自主进化。

2. GRPO 算法

GRPO 算法是 DeepSeek-R1-Zero 使用的另一个重要的创新算法。与传统的强化学习算法（如 PPO、DPO）不同，GRPO 算法通过组内奖励对比直接优化策略网络。具体而言，GRPO 算法将同一问题生成的 N 条候选答案划为一组，以组内平均奖励为基线，计算相对优势值。这种方法不需要额外训练价值模型，降低了训练复杂度，提高了训练效率。

3. 奖励模型的创新

在强化学习的训练过程中，DeepSeek 研究团队选择面向结果的奖励模型，而不是通常的面向过程的奖励模型。这种方式可以较好地避免奖励欺骗，同时，由于不需要大量标注数据，可以降低训练复杂度。

1.4.2 DeepSeek-R1 的技术突破与创新

为了解决纯强化学习训练带来的可读性差和多语言混杂等问题，DeepSeek-R1 采用“冷启动 + 多阶段 RL”的训练策略。在冷启动阶段，引入数千条高质量的长思维链数据对基础模型进行微调，强制规范输出格式，提高可读性。随后，通过两阶段强化学习进一步优化模型的性能。

◎ 推理导向 RL：结合规则奖励（如答案准确性、语言一致性），优化模型在数学、编程等结构化任务中的表现。

◎ 通用对齐 RL：融入人类偏好奖励模型，确保模型在开放域任务中的安全性与实用性。

1.4.3 推理能力的提升

DeepSeek-R1 在推理方面表现出色。如表 1-4 所示，在多项权威测评中，DeepSeek-R1 的“智力水平”得分高出其他开源模型近 1 倍。与训练成本高达数亿美元的闭源大模型相比，DeepSeek-R1 不仅在智能度和匹配度方面旗鼓相当，而且在正确回复一致度方面表现更优。DeepSeek-R1 能够提供更精准的分析、更强的创造力、更可靠的决策支持、更自然的交互、更强的学习能力，以及更高效的工作表现。在数据运算和复杂推理场景下，DeepSeek-R1 较其他模型解决问题的能力更强。

表 1-4　DeepSeek-R1 与其他模型测试对比

基准测试（指标）	Claude 3.5 Sonnet 2024-10-22	GPT-4o 2024-05-13	DeepSeek-V3	OpenAI o1-mini	OpenAI o1-1217	DeepSeek-R1
架构	—	—	MoE	—	—	MoE
激活参数量	—	—	370 亿	—	—	370 亿
总参数量	—	—	6710 亿	—	—	6710 亿

续表

基准测试（指标）		Claude 3.5 Sonnet 2024-10-22	GPT-4o 2024-05-13	DeepSeek-V3	OpenAI o1-mini	OpenAI o1-1217	DeepSeek-R1
英文能力	MMLU (Pass@1)	88.3	87.2	88.5	85.2	91.8	90.8
	MMLU-Redux (EM)	88.9	88.0	89.1	86.7	—	92.9
	MMLU-Pro (EM)	78.0	72.6	75.9	80.3	—	84.0
	DROP (3-shot F1)	88.3	83.7	91.6	83.9	90.2	92.2
	IF-Eval (Prompt Strict)	86.5	84.3	86.1	84.8	—	83.3
	GPQA Diamond (Pass@1)	65.0	49.9	59.1	60.0	75.7	71.5
	SimpleQA (Correct)	28.4	38.2	24.9	7.0	47.0	30.1
	FRAMES (Acc.)	72.5	80.5	73.3	76.9	—	82.5
	AlpacaEval2.0 (LC-winnate)	52.0	51.1	70.0	57.8	—	87.6
	ArenaHard (GPT-4-1106)	85.2	80.4	85.5	92.0	—	92.3
编程能力	LiveCodeBench (Pass@1-cor)	38.9	32.9	36.2	53.8	63.4	65.9
	Codeforces (Percentile)	20.3	23.6	58.7	93.4	96.6	96.3
	Codeforces (Rating)	717	759	1134	1820	2061	2029
	SWE Verified (Resolved)	50.8	38.8	42.0	41.6	48.9	49.2
	Aider-Polyglot (Acc.)	45.3	16.0	49.6	32.9	61.7	53.3
数学能力	AIME 2024 (Pass@1)	16.0	9.3	39.2	63.6	79.2	79.8
	MATH-500 (Pass@1)	78.3	74.6	90.2	90.0	96.4	97.3
	CNMO 2024 (Pass@1)	13.1	10.8	43.2	67.6	—	78.8

续表

基准测试（指标）		Claude 3.5 Sonnet 2024-10-22	GPT-4o 2024-05-13	DeepSeek-V3	OpenAI o1-mini	OpenAI o1-1217	DeepSeek-R1
中文能力	CLUEWSC (EM)	85.4	87.9	90.9	89.9	—	92.8
	C-Eval (EM)	76.7	76.0	86.5	68.9	—	91.8
	C-SimpleQA (Correct)	55.4	58.7	68.0	40.3	—	63.7

◎数学推理：DeepSeek-R1 在数学推理任务上表现卓越。在 AIME 2024 数学竞赛问题上，DeepSeek-R1 达到 79.8% 的准确率，在 MATH-500 上更是达到 97.3% 的准确率。这些成绩不仅展示了 DeepSeek-R1 在数学推理方面的强大能力，还证明了其推理能力的泛化能力。

◎编程能力：DeepSeek-R1 在编程任务上展现了专家级的能力。在 Codeforces 上，DeepSeek-R1 获得了 2029 Elo 评分，超过了 96.3% 的人类参与者。这一成绩表明，DeepSeek-R1 不仅能理解复杂的编程问题，还能生成高质量的代码解决方案。

◎语言理解：DeepSeek-R1 在语言理解任务上取得了显著的成绩。在 MMLU 测试中，DeepSeek-R1 达到 90.8% 的准确率，在 MMLU-Pro 测试中达到 84.0% 的准确率。此外，在 AlpacaEval 2.0 测试中，DeepSeek-R1 达到 87.6% 的准确率。这些成绩表明，DeepSeek-R1 在语言理解方面具有很强的能力，在中文能力方面尤其突出。

1.5 DeepSeek 发布的模型家族

除了 DeepSeek-V3 和 DeepSeek-R1，DeepSeek 还开源了一系列大模型，覆盖自然语言处理、多模态处理、代码生成、数学推理等多个领域，展现了 DeepSeek 研究团队在大模型领域的研究广度和深度。下面我们一起梳理 DeepSeek 开源模型的版本及其关系，以便全面地了解 DeepSeek 的技术路线和工程规划，如图 1-3 所示。

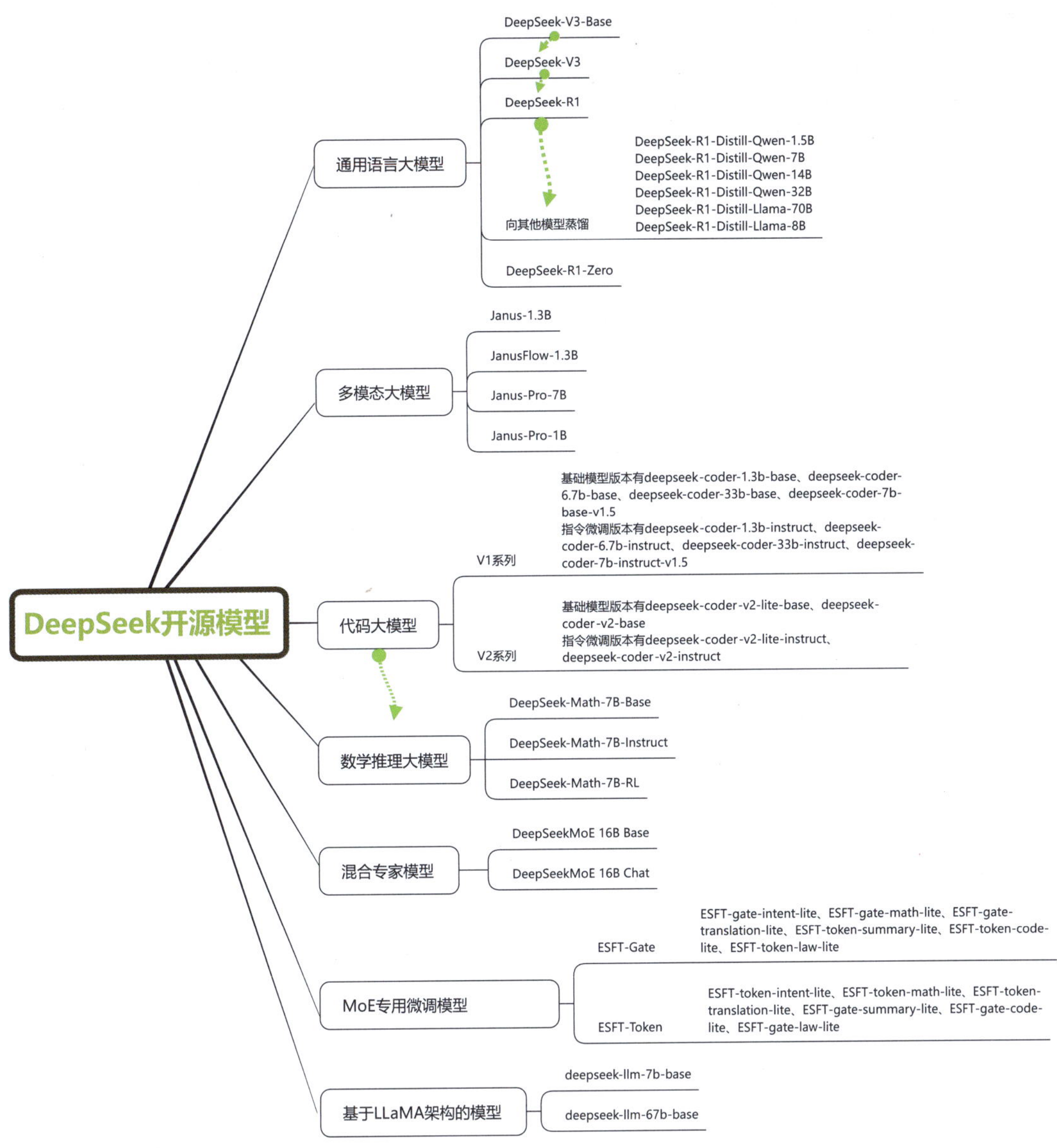
DeepSeek开源模型
通用语言大模型
DeepSeek-V3-Base
DeepSeek-V3
DeepSeek-R1
向其他模型蒸馏
DeepSeek-R1-Distill-Qwen-1.5B
DeepSeek-R1-Distill-Qwen-7B
DeepSeek-R1-Distill-Qwen-14B
DeepSeek-R1-Distill-Qwen-32B
DeepSeek-R1-Distill-Llama-70B
DeepSeek-R1-Distill-Llama-8B
DeepSeek-R1-Zero
多模态大模型
Janus-1.3B
JanusFlow-1.3B
Janus-Pro-7B
Janus-Pro-1B
代码大模型
V1系列
基础模型版本有deepseek-coder-1.3b-base、deepseek-coder-6.7b-base、deepseek-coder-33b-base、deepseek-coder-7b-base-v1.5
指令微调版本有deepseek-coder-1.3b-instruct、deepseek-coder-6.7b-instruct、deepseek-coder-33b-instruct、deepseek-coder-7b-instruct-v1.5
V2系列
基础模型版本有deepseek-coder-v2-lite-base、deepseek-coder-v2-base
指令微调版本有deepseek-coder-v2-lite-instruct、deepseek-coder-v2-instruct
数学推理大模型
DeepSeek-Math-7B-Base
DeepSeek-Math-7B-Instruct
DeepSeek-Math-7B-RL
混合专家模型
DeepSeekMoE 16B Base
DeepSeekMoE 16B Chat
MoE专用微调模型
ESFT-Gate
ESFT-gate-intent-lite、ESFT-gate-math-lite、ESFT-gate-translation-lite、ESFT-token-summary-lite、ESFT-token-code-lite、ESFT-token-law-lite
ESFT-Token
ESFT-token-intent-lite、ESFT-token-math-lite、ESFT-token-translation-lite、ESFT-gate-summary-lite、ESFT-gate-code-lite、ESFT-gate-law-lite
基于LLaMA架构的模型
deepseek-llm-7b-base
deepseek-llm-67b-base

图 1-3　DeepSeek 开源模型一览图

1.5.1 通用语言大模型

1. DeepSeek-V3-Base

DeepSeek-V3-Base 是从零开始预训练的基础模型，采用 MoE 架构，总参数量为 6710 亿，其中每个 token 激活的参数量为 370 亿；预训练阶段使用 14.8 万亿个高质量、多样化的 token 进行训练。

2. DeepSeek-V3

DeepSeek-V3 基于 DeepSeek-V3-Base 构建，通过后训练阶段进行优化。DeepSeek-V3 使用 150 万条指令微调数据进行微调，然后通过从 DeepSeek-R1 系列模型中蒸馏的推理能力，显著提升其在推理任务中的表现。

3. DeepSeek-R1

DeepSeek-R1 是在总结 DeepSeek-R1-Zero 研究成果的基础上，以强化学习为主导，重新基于 DeepSeek-V3-Base，综合多种训练手段打造的推理大模型（对标 OpenAI-o1 模型）。

4. 蒸馏模型

DeepSeek 研究团队发现，使用 DeepSeek-R1 模型对一些已有的开源小（相对）模型进行蒸馏，能够取得意想不到的结果，且蒸馏的效果优于直接训练。

5. DeepSeek-R1-Zero

DeepSeek-R1-Zero 基于 DeepSeek-V3-Base 构建，不经历有监督微调过程，直接应用强化学习训练大模型的推理能力。这是一个技术预研性质的版本，主要探索使用纯强化学习训练大模型推理能力的可行性。

DeepSeek 研究团队从 DeepSeek-R1 蒸馏了多个版本的 Qwen 和 LLaMA 并将模型开源，具体如下。

◎ DeepSeek-R1-Distill-Qwen-1.5B。

◎ DeepSeek-R1-Distill-Qwen-7B。

◎ DeepSeek-R1-Distill-Qwen-14B。

◎ DeepSeek-R1-Distill-Qwen-32B。

◎ DeepSeek-R1-Distill-Llama-70B。

◎ DeepSeek-R1-Distill-Llama-8B。

1.5.2 多模态大模型

Janus 系列是 DeepSeek 的多模态大模型。它们虽然都专注于图像理解与生成任务，但在技术架构、设计理念和应用场景上有明显的不同。

1. Janus-1.3B

Janus-1.3B 作为早期版本，验证了视觉编码解耦的有效性，但在数据规模和模型规模上存在限制（这导致其在某些任务上的表现不如后续版本）。

2. JanusFlow

JanusFlow 将自回归语言模型（CLM）与修正流（Rectified Flow）结合，形成一个多模态框架。它通过解耦理解任务和生成任务的视觉编码器，分别处理图像理解任务和图像生成任务。图像理解任务使用 SigLIP 作为视觉编码器，图像生成任务使用 ConvNeXt 块作为生成编码器。这种解耦设计有助于避免任务间的冲突，提升模型在多模态理解与生成任务中的表现。

JanusFlow 适合大规模应用与多任务扩展，如智能助手、虚拟现实等需要高效地生成与理解的场景。

3. Janus-Pro

Janus-Pro 同样采用解耦视觉编码的方式。它使用 SigLIP 作为理解任务的视觉编码器，在生成任务中则使用 VQ tokenizer 将图像转换为离散 ID。它的核心架构仍然是一个自回归语言模型，并在此基础上进行了优化和扩展。

Janus-Pro 适用于需要高质量图像生成与多模态理解的场景，如广告设计、游戏开发、艺术创作等，适合需要灵活适配多种任务的用户（如研究人员和企业开发者）使用。

1.5.3 代码大模型

DeepSeek-Coder 系列专注于代码生成、补全和理解，可作为编程的辅助工具。

1. DeepSeek-Coder V1 系列

DeepSeek-Coder V1 系列包含基础模型和指令微调版本。DeepSeek-Coder V1 基础版本的模型是从零开始训练的，使用包含 2 万亿个 token 的数据集，其中包含 87% 的代码和 13% 的中英文自然语言。这些模型支持长度为 16,000 的上下文窗口，并通过填空任务增强项目级代码补全能力。指令微调版本基于 DeepSeek-Coder V1 的基础模型，通过指令微调数据进行微调。

◎ 基础模型版本包括 deepseek-coder-1.3b-base、deepseek-coder-6.7b-base、deepseek-coder-33b-base、deepseek-coder-7b-base-v1.5。

◎ 指令微调版本包括 deepseek-coder-1.3b-instruct、deepseek-coder-6.7b-instruct、deepseek-coder-33b-instruct、deepseek-coder-7b-instruct-v1.5。

2. DeepSeek-Coder V2 系列

DeepSeek-Coder V2 系列在 DeepSeek-Coder V1 系列的基础上进行了扩展，增加了训练数据（额外 6 万亿个 token），并支持更多的编程语言（从 86 种扩展到 338 种），上下文长度值从 16,000 扩展到 128,000。

◎ 基础模型版本包括 deepseek-coder-v2-lite-base、deepseek-coder-v2-base。

◎ 指令微调版本包括 deepseek-coder-v2-lite-instruct、deepseek-coder-v2-instruct。

其中，Lite 版本适用于资源受限的环境。

1.5.4 数学推理大模型

DeepSeek-Math 系列是专注于数学推理的大模型。

DeepSeek-Math-7B-Base 是基于 DeepSeek-Coder-Base-V1.5 7B 进行初始化的。该模型在 DeepSeek-Math 语料库上进行预训练。该语料库包含 1200 亿个数学相关标记，这些标记来自从 Common Crawl 数据中筛选的数学内容。通过大规模的数学相关数据预训练，提升了模型在数学推理和问题解决方面的能力。

DeepSeek-Math-7B-Instruct 是在 DeepSeek-Math-7B-Base 的基础上进一步训练得到的。该模型通过数学指令调整（Instruction Tuning），增加了思维链、程序链（Program-of-Thought）和工具集成推理（Tool-Integrated Reasoning）的能力。

DeepSeek-Math-7B-RL 是在 DeepSeek-Math-7B-Instruct 的基础上进一步通过强化学习优化得到的。该模型使用 GRPO 算法，用组内相对奖励估计代替价值函数，大幅减少了内存占用。

1.5.5 混合专家模型

DeepSeekMoE 16B 是一个拥有 164 亿个参数的混合专家模型。它采用一种创新的 MoE 架构，包含两项主要策略：细粒度专家分割和共享专家隔离。该模型从零开始训练，使用 2 万亿个中英文 token，性能与 DeepSeek 7B 和 LLaMA 27B 相当，但仅需前者约 40% 的计算量。

出于研究目的，DeepSeek 公司向公众发布了 DeepSeekMoE 16B Base 和 DeepSeekMoE 16B Chat 的模型检查点。这些模型可以在单块 40GB 内存的 GPU 上部署而无须量化。

1.5.6 MoE 专用微调模型

专家专用微调（Expert-Specialized Fine-Tuning，ESFT）是针对采用 MoE 架构的大语言模型（LLM）设计的高效参数微调（PEFT）方法。

传统的 PEFT 方法主要集中在采用密集架构的大语言模型上，对稀疏架构（如 MoE）的研究相对较少。MoE 架构通过将不同的任务分配给不同的专家来处理，实现任务的专一性，这与密集模型（所有任务共享一组参数）有显著的不同。ESFT 的核心思想是只微调与下游任务最相关的专家，同时冻结其他专家和模块的参数。

ESFT 方法有两种评分机制。

◎ ESFT-Gate：基于平均门控分数（Average Gate Score）选择专家。

◎ ESFT-Token：基于令牌选择比率（Token Selection Ratio）选择专家。

这两种评分机制分别用于评估专家与特定任务的相关性，并选择与任务最相关的专家进行微调，同时冻结其他专家和模块的参数。

◎ ESFT-Gate 所对应的模型有 ESFT-gate-intent-lite、ESFT-gate-math-lite、ESFT-gate-translation-lite、ESFT-token-summary-lite、ESFT-token-code-lite、ESFT-token-law-lite。

◎ ESFT-Token 所对应的模型有 ESFT-token-intent-lite、ESFT-token-math-lite、ESFT-token-translation-lite、ESFT-gate-summary-lite、ESFT-gate-code-lite、ESFT-gate-law-lite。

上述模型对应于不同的下游任务，如意图识别、数学、翻译、摘要、代码、法律。这些模型是基于一个名为 Vanilla 的模型微调的，使用 DeepSeek-V2 Lite 架构，包含 66 个细粒度的专家，每个 Transformer 层都有这些专家。

1.5.7 基于 LLaMA 架构的模型

DeepSeek 公司开源了传统的基于 LLaMA 架构训练的模型，包括 DeepSeek-llm-7b-base 和 DeepSeek-llm-67b-chat。这些模型采用 Pre-Norm 结构，使用 RMSNorm 进行归一化，采用 SwiGLU 作为前馈网络的激活函数，使用多头注意力在包含 2 万亿个标记的多语言数据集上进行预训练，数据涵盖中文、英文等多种语言。

第 2 章　提示词的原理与应用

2.1　推理模型与通用模型

DeepSeek-R1 是一款推理模型，DeepSeek-V3 是一款通用模型。读者在使用 DeepSeek 之前，有必要弄清推理模型和通用模型的差异。

推理模型是一种经过特殊训练的语言模型，旨在强化逻辑分析、推理和决策能力。这类模型通常通过强化学习等手段提升自身在复杂任务中的表现。推理模型擅长处理需要严格的逻辑链的任务，如数学证明、逻辑分析和代码生成等。推理模型在训练过程中被赋予了深层推理能力，能够自主分析情况并实时做出决策。

通用模型侧重于语言生成、上下文理解和自然语言处理，而不强调深度推理能力。这类模型通过对大量文本数据的训练，掌握语言的规律并生成合适的内容。通用模型在创意写作、文本生成和多轮对话等任务中表现出色，但缺乏像推理模型那样复杂的推理和决策能力。

推理模型与通用模型的比较如表 2-1 所示。

表 2-1　推理模型与通用模型的比较

项目	推理模型	通用模型
优势场景	数学推导、逻辑分析、代码生成、复杂问题拆解	文本生成、创意写作、多轮对话、开放性问答
劣势场景	发散性任务（如诗歌创作）	需要严格的逻辑链的任务（如数学证明）
模型本质	专精于逻辑密度高的任务	擅长处理多样性任务
能力特点	在其推理领域显著优于通用模型	应用场景更丰富，但执行推理任务依赖提示词补偿能力

接下来，我们通过一个完整的案例了解 DeepSeek-R1 和 DeepSeek-V3 的使用。假设你是乙方 XYZ 设计工作室的老板，刚与甲方 ABC 科技有限公司签订了一份设计合同，合同的内容如下。

```
甲方：ABC科技有限公司
乙方：XYZ设计工作室

一、服务内容
1.1 乙方同意为甲方提供品牌设计服务，包括但不限于Logo设计、宣传册设计、网站设计等。
1.2 乙方应在合同签订后30个工作日内完成所有设计工作，并提交最终设计稿。

二、费用及支付
2.1 甲方应支付乙方的总设计费用为50,000元。
2.2 甲方应在合同签订后5个工作日内支付50%的预付款，即25,000元。
2.3 余款应在乙方提交最终设计稿并经甲方确认后5个工作日内支付。

三、知识产权
3.1 乙方保证其提供的设计作品不侵犯任何第三方的知识产权。
3.2 设计作品的知识产权在甲方支付全部费用后归甲方所有。

四、违约责任
4.1 若乙方未能在规定时间内完成设计工作，每延迟一天，乙方应支付甲方合同总金额的1%作为违约金。
4.2 若甲方未按时支付款项，每延迟一天，甲方应支付乙方未支付金额的1%作为违约金。

五、争议解决
5.1 本合同适用中华人民共和国法律。
5.2 双方因本合同产生的争议应首先通过友好协商解决；协商不成的，任何一方均可向甲方所在地人民法院提起诉讼。
```

六、其他

6.1 本合同自双方签字盖章之日起生效。

6.2 本合同一式两份，甲乙双方各执--份，具有同等法律效力。

甲方（盖章）: 乙方（盖章）:

日期: 日期:

你希望大模型利用相关的法律知识和通用知识为你审查合同的条款，如服务内容、付款方式和时间、知识产权和违约责任等。为此，你设计了如下提示词。

你是XYZ设计工作室的法律顾问，请根据以下合同条款进行审查，重点审查以下方面:

1．服务内容是否明确，时间节点是否合理。

2．付款方式和时间是否合理，是否存在潜在风险。

3．知识产权归属是否清晰，是否存在潜在的法律风险。

4．违约责任是否公平合理，是否存在过度惩罚或不足的情况。

5．争议解决条款是否符合法律规定，是否有利于甲方。

请逐条分析并提供改进建议。

合同内容如下:

【合同全文】

……

DeepSeek-R1 开启了深度思考模式，其思考和推理的过程如图 2-1 所示。

已深度思考（用时 40 秒）

嗯，我现在需要帮XYZ设计工作室审查这份合同，重点检查五个方面：服务内容、付款方式、知识产权、违约责任和争议解决。让我先仔细读一遍合同内容，然后逐条分析。

首先看服务内容部分。合同里说乙方提供品牌设计服务，包括Logo、宣传册、网站设计等。但具体内容比较笼统，没有详细说明每个项目的具体要求，比如Logo设计需要几个初稿，修改次数限制，或者每个设计阶段的时间节点。时间方面，乙方要在30个工作日内完成所有设计并提交终稿。30个工作日大约是六周，可能合理，但具体项目如果复杂的话会不会不够？比如网站设计可能需要更多时间，尤其是如果甲方需要反复修改的话。这里可能存在时间安排上的风险，因为没有分阶段的时间表，乙方可能面临同时处理多个任务的压力，或者甲方在后期提出大量修改导致延迟。

然后是付款方式和时间。总费用5万元,分两次支付：50%预付款，签合同后5天内付，余款在提交终稿并经甲方确认后5天内支付。看起来合理，但缺少中间阶段的付款安排。比如，如果项目分阶段完成，是否应该有阶段性付款？现在的情况是，乙方要完成全部工作才能拿到剩下50%，如果项目周期长，乙方的现金流可能受影响。另外，余款支付条件是甲方确认，但确认的标准不明确，甲方可能会拖延确认，导致乙方无法及时收到尾款。这里存在潜在风险，建议明确确认的时间和条件，比如甲方在收到终稿后多少个工作日内必须确认，否则视为自动接受。

知识产权部分，乙方保证不侵权，这点没问题。知识产权在甲方付全款后归甲方。但这里有个问题，如果甲方只支付了部分款项，比如预付款，但未付尾款，这时候知识产权归属不明确，可能导致纠纷。应该明确在未付全款前，知识产权仍属于乙方，或者设定部分付款对应部分权利。此外，是否允许乙方在作品中使用案例进行宣传？合同里没提到，可能限制乙方的展示权，需要添加相关条款。

违约责任方面，乙方延迟每天付1%违约金，总金额5万的话，每天500元，30天就是1.5万元,可能过高，是否符合法律规定？根据中国合同法，违约金一般不超过实际损失的30%，如果1%每天，年化就是365%，显然过高，存在被法院调整的风险。同样，甲方延迟付款也是每天1%，可能对甲方来说压力大，但相对乙方，甲方延迟付款的影响可能更大，所以这个比例是否公平？可能需要调整违约金上限，比如不超过合同总金额的20%或按银行利率计算。

争议解决部分，约定甲方所在地法院诉讼，这对甲方有利，但乙方作为设计工作室，如果在外地，可能面临不便。是否可以考虑仲裁？或者选择中立地点？不过法律上约定甲方所在地法院是有效的，但可能对乙方不利，需要评估是否接受。

图 2-1 DeepSeek-R1 的思考和推理过程

在思考之后，DeepSeek-R1 输出的合同审查结果如下。

```
### 合同审查意见及改进建议

------------------------------

#### **一、服务内容审查**

**现状分析：**

1. 服务范围表述笼统，仅以“包括但不限于”概括，未明确具体设计内容（如Logo初稿数量、修改次数、网站设计功能需求等），易引发交付标准争议。

2. 时间节点单一（30个工作日内完成全部设计），缺乏分阶段交付计划（如初稿提交、修改
```

周期、终稿确认），可能导致进度不可控。

** 改进建议：**

1. ** 细化服务范围 **：逐项列明设计内容（如“Logo设计包含3版初稿及不超过3次修改”）、质量标准（如“网站设计需兼容主流浏览器”）。

2. ** 拆分时间节点 **：增设阶段里程碑（如“合同签订后10个工作日内提交Logo初稿，甲方需在3个工作日内反馈意见”）。

** 二、付款方式审查 **

** 现状分析：**

1. 付款仅分两期（50%预付款+50%尾款），未与设计阶段挂钩，乙方可能面临尾款回收风险（如甲方拖延验收）。

2. 尾款支付条件依赖“甲方确认”，但未明确验收标准或超期默认通过条款，存在甲方恶意拒付风险。

** 改进建议：**

1. ** 分阶段付款 **：将付款与设计阶段绑定（如30%预付款+40%初稿通过后付款+30%终稿交付后付款）。

2. ** 明确验收规则 **：约定“甲方需在收到终稿后5个工作日内书面提出异议，否则视为验收合格”。

** 三、知识产权条款审查 **

** 现状分析：**

1. 知识产权归属条款过于简略，未约定未付全款时的权利归属（如预付款阶段作品权属），可能导致纠纷。

2. 未保留乙方合理使用权（如作品展示权、案例宣传权），限制乙方商业利益。

** 改进建议：**

1. ** 增设过渡条款 **：明确“甲方付清全款前，作品著作权归乙方所有；未付全款时，甲方仅享有使用权”。

2. ** 保留乙方权利 **：添加“乙方有权在作品中标明设计方信息，并将作品用于自身宣传，但不得损害甲方利益”。

四、违约责任审查

现状分析：

1．违约金比例过高（日1%即年化365%），远超司法实践支持的合理范围（通常不超过实际损失的30%），可能被法院认定无效。

2．双方违约金标准相同，但乙方违约成本（每天500元）可能高于实际损失，而甲方延迟付款的违约金（日1%）对其约束不足。

改进建议：

1．**调整违约金比例**：改为“延迟方按未履行金额的每日0.05%（年化约18.25%）支付违约金，总额不超过合同总金额的20%”。

2．**区分责任情形**：对乙方交付质量不达标、甲方无理由拒付等情形设定差异化的违约金标准。

五、争议解决条款审查

现状分析：

1．争议解决条款约定“向甲方所在地法院起诉”，对异地乙方不利（增加诉讼成本）。

2．未约定仲裁条款，诉讼程序可能耗时较长。

改进建议：

1．**增加仲裁选项**：修改为“协商不成时，提交XX仲裁委员会（如北京/上海）仲裁，仲裁裁决为终局”。

2．**平衡管辖地**：若保留诉讼条款，可约定“由被告所在地或合同履行地法院管辖”。

总结建议

1．完善服务内容的具体描述及分阶段时间表，明确验收标准。

2．拆分付款阶段并与设计进度挂钩，增设验收超期默认条款。

3．细化知识产权归属过渡条款，保留乙方合理使用权利。

4．调整违约金至合理范围，区分不同违约情形责任。

5．优化争议解决条款，优先选择仲裁并平衡管辖地。

提示：建议乙方与甲方协商修订后签署补充协议，或直接在原合同批注修改并重新签署。

从上述结果看，DeepSeek-R1 的修改堪称专业，如同法务专家。下面，我们使用相同的提示词，让 DeepSeek-V3 进行合同审查。DeepSeek-V3 没有推理过程，直接输出结果，具体如下。

```
### 合同审查报告

**合同编号：2025-001**
**甲方：ABC科技有限公司**
**乙方：XYZ设计工作室**
-----------------------------
#### 1. 服务内容是否明确，时间节点是否合理
**审查意见：**
- **服务内容**：条款1.1中列举了乙方提供的服务内容，包括Logo设计、宣传册设计、网站设计等，使用了“包括但不限于”的表述，较为宽泛。虽然这种表述可以涵盖更多的服务内容，但也可能导致服务范围不明确，存在争议的风险。
- **时间节点**：条款1.2规定乙方应在合同签订后30个工作日内完成所有设计工作并提交最终设计稿。30个工作日的期限对于品牌设计服务（尤其是包含多个设计项目）可能较为紧张，特别是如果甲方在过程中提出较多修改意见，则可能导致乙方无法按时完成。
**改进建议：**
- **服务内容**：建议明确具体的服务项目，列出每项设计工作的具体内容，避免使用“包括但不限于”的模糊表述。例如，明确Logo设计的数量、宣传册的页数、网站设计的页面数量等。
- **时间节点**：建议将30个工作日延长至45个工作日，或根据具体设计项目的复杂程度分阶段设定时间节点（如Logo设计完成时间、宣传册设计完成时间等），并为可能的修改预留时间。
-----------------------------
#### 2. 付款方式和时间是否合理，是否存在潜在风险
**审查意见：**
- **付款方式**：条款2.2规定甲方在合同签订后5个工作日内支付50%的预付款，条款2.3规定余款在乙方提交最终设计稿并经甲方确认后5个工作日内支付。这种付款方式较为常见，且分阶段支付有助于降低乙方的风险。
- **潜在风险**：条款2.3中“甲方确认后5个工作日内支付余款”可能存在风险，因为“确
```

认”这一行为缺乏明确的标准和时间限制。如果甲方拖延确认，则乙方可能无法及时收到余款。

** 改进建议：**

- 建议在条款2.3中明确“确认”的时间限制，例如“甲方应在收到最终设计稿后5个工作日内确认，若未在期限内提出书面异议，视为确认”。此外，可以增加条款，规定若甲方未按时确认或支付余款，乙方有权暂停后续服务或采取其他合理措施。

----

3. 知识产权归属是否清晰，是否存在潜在的法律风险

** 审查意见：**

- ** 知识产权归属 **：条款3.2规定设计作品的知识产权在甲方支付全部费用后归甲方所有。这一条款明确了知识产权归属的条件，较为合理。

- ** 潜在风险 **：条款3.1中乙方保证设计作品不侵犯第三方知识产权，但未明确若发生侵权纠纷时的责任分担。此外，未规定乙方在知识产权转让后是否保留使用权（如用于展示作品集等）。

** 改进建议：**

- 建议在条款3.1中增加侵权责任分担的约定，例如“若因乙方设计作品侵犯第三方知识产权导致甲方损失的，乙方应承担全部责任”。

- 建议在条款3.2中增加乙方保留部分权利的内容，例如“乙方在知识产权转让后，仍有权将设计作品用于展示作品集、宣传等非商业用途”。

----

4. 违约责任是否公平合理，是否存在过度惩罚或不足的情况

** 审查意见：**

- ** 乙方违约责任 **：条款4.1规定乙方每延迟一天支付合同总金额的1%作为违约金。1%的违约金比例较高，可能给乙方造成过重负担。

- ** 甲方违约责任 **：条款4.2规定甲方每延迟一天支付未支付金额的1%作为违约金。这一比例对甲方较为合理，但与乙方的违约责任不对称。

** 改进建议：**

- 建议将乙方的违约金比例降低至合同总金额的0.5%或以下，以平衡双方的责任。

- 建议增加甲方延迟确认设计稿的违约责任，例如“若甲方未在约定时间内确认设计稿，每延迟一天支付合同总金额的0.5%作为违约金”。

```
#### 5. 争议解决条款是否符合法律规定，是否有利于甲方
** 审查意见：**
- ** 争议解决条款 **：条款5.1和5.2规定适用中国法律，并通过友好协商解决争议，协商不成时向甲方所在地人民法院提起诉讼。这一条款符合中国法律规定，且选择甲方所在地法院对甲方较为有利。
- ** 潜在风险 **：未明确诉讼费用的分担方式，可能增加乙方的诉讼成本。
** 改进建议：**
- 建议增加诉讼费用分担的约定，例如“若因甲方违约导致诉讼，甲方应承担乙方的合理诉讼费用；若因乙方违约导致诉讼，乙方应承担甲方的合理诉讼费用”。
---------------------------------
### 总结
总体而言，该合同条款较为清晰，但在服务内容、付款时间、知识产权归属、违约责任等方面存在一定的改进空间。建议根据上述意见进行修改，以降低潜在法律风险并平衡双方的权利义务。
---------------------------------
** 法律顾问签字：**
** 日期：
```

通过上述案例对比可以发现，DeepSeek-R1 在合同审查方面明显比 DeepSeek-V3 细致、专业。因此，DeepSeek-R1 适用于经过推理才能完成的任务，它进行推理是有时间代价的。

2.2 提示工程

提示词（Prompt）是我们与大模型交互的基本方式，用于引导大模型生成特定的输出或执行特定的任务。提示词可以是一个简单的问题、一段详细的指令，也可以是一个复杂的任务描述。提示词的结构包括指令、上下文和期望等，如图 2-2 所示。

◎ 指令（Instruction）：提示词的核心，明确地告诉大模型我们希望它执行什么任务。

◎ 上下文（Context）：为大模型提供背景信息，帮助大模型更准确地理解和执行任务。

◎ 期望（Expectation）：明确地表达我们对大模型输出的要求和预期。

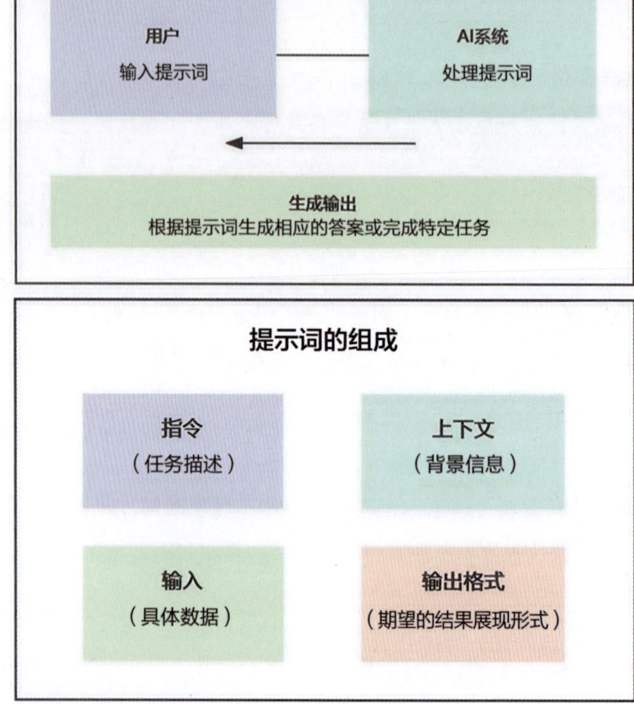

图 2-2 提示词的结构

2.2.1 提示词的类型

根据不同的功能和应用场景，提示词可以分为以下类型。

（1）指令型提示词

指令型提示词直接将需要执行的具体任务告诉大模型。指令型提示词内容明确、具体，通常包含明确的操作要求，适用于需要大模型完成具体操作的任务，如生成文本、执行代码、翻译等，示例如下。

“将以下内容翻译为法语：Hello, world。”

“生成一篇关于人工智能的500字短文。”

“计算两个矩阵的乘积。”

（2）问答型提示词

问答型提示词向大模型提出问题，期望得到相应的答案。问答型提示词以问题的形式出现，通常需要大模型进行解释、分析或提供信息，适用于需要解释概念、解决问题或获取信息的场景，示例如下。

“为什么人工智能会改变我们的生活？”

“请解释量子计算的基本原理。”

“如何解决气候变化问题？”

（3）角色扮演型提示词

角色扮演型提示词要求大模型扮演特定角色，模拟特定场景。角色扮演型提示词通过设定角色和场景，引导大模型以特定的身份或风格来回答，适用于模拟对话、创意写作或特定风格的文本生成，示例如下。

“假设你是一位历史学家，请评论拿破仑的崛起。”

“以海明威的风格写一个冒险故事。”

“作为一位心理咨询师，请给出缓解焦虑的建议。”

（4）创意型提示词

创意型提示词引导大模型进行创意写作或内容生成。创意型提示词强调创新性和独特性，通常需要大模型发挥想象力，适用于需要生成新颖内容的场景，如故事创作、广告文案写作、艺术设计等，示例如下。

“设计一个未来城市的蓝图。”

“创作一个关于时间旅行的短篇故事。”

“生成一个关于环保的创意广告文案。”

（5）分析型提示词

分析型提示词要求大模型对给定信息进行分析和推理。分析型提示词需要大模型进行深入的分析、逻辑推理或数据处理，适用于需要分析数据、解释现象或提供解决方案的场景，示例如下。

"分析近三年新能源汽车销量数据，说明增长趋势与政策关联性。"

"解释人工智能对就业市场的影响。"

"分析某公司的财务报表，提出改进建议。"

（6）多模态提示词

多模态提示词结合了文本、图像、音频等多种形式的输入。多模态提示词通过多种输入形式提供丰富的上下文信息，帮助大模型生成更准确的输出，适用于需要综合多种信息进行处理的场景，如图像描述、视频分析等，示例如下。

"根据这张图片生成一段描述。"

"分析这段音频中的情感。"

"结合图像和文本，生成一个关于旅游的推荐。"

（7）结构化提示词

结构化提示词要求大模型按照特定的结构或格式生成内容。结构化提示词用于明确输出的组织形式，通常包含格式要求，适用于需要生成有条理、有组织的内容的场景，如生成报告、论文、代码等，示例如下。

"按照APA格式撰写一篇关于气候变化的论文。"

"生成一个Python脚本，包含注释和测试用例。"

"设计一个包含标题、正文和结论的演讲稿。"

（8）验证型提示词

验证型提示词要求大模型检查逻辑自洽性、数据可靠性或方案可行性。验证型提示词强调验证和评估，通常需要大模型提供分析和判断，适用于需要验证信息、评估方案或检查错误的场景，示例如下。

"验证这篇论文的结论是否支持其研究假设。"

"检查这段代码是否存在逻辑错误。"

"评估这个商业计划的可行性。"

（9）启发式提示词

启发式提示词通过提问或引导，激发大模型的思考和解释能力。启发式提示词强调引导性，通常需要大模型提供推理过程或解释，适用于需要大模型展示思考过程或提供深入解释的场景，示例如下。

"为什么选择这种方法而不是其他方法?"

"如何证明这个结论是正确的?"

"请解释你的推理过程。"

（10）混合型提示词

混合型提示词结合多种提示词类型，以满足复杂任务的需求。混合型提示词综合多种功能，通常需要大模型同时完成多个任务，适用于复杂任务，如多步骤问题解决、综合分析等，示例如下。

"先分析这篇论文的研究方法，然后提出改进建议。"

"结合图像和文本，生成一个关于环保的创意广告文案，并解释其创意来源。"

每种提示词都有独特的功能和应用场景。合适的提示词可以帮助用户高效地引导大模型完成任务，同时提升大模型输出的内容质量和相关性。

2.2.2　提示词的基本元素

提示词的基本元素是构成有效提示词的核心，它们决定了大模型在生成过程中需要处理的具体内容、组织形式和输出风格。根据功能和作用，提示词的基本元素可分为三大类：信息类元素、结构类元素和控制类元素。

1. 信息类元素

信息类元素为大模型提供生成内容的具体主题、背景和数据，是大模型生成过程中处理的核心内容，主要包括主题元素、背景元素、数据元素、知识域元素。

（1）主题元素

主题元素用于明确大模型需要生成内容的主题或核心话题。主题元素的作用是帮助大模型聚焦特定领域，避免生成无关内容，示例如下。

"生成一篇关于人工智能伦理的短文。"

"分析气候变化对全球经济的影响。"

（2）背景元素

背景元素为大模型提供生成内容的上下文或背景信息，帮助其更好地理解任务的背景和需求。背景元素的作用是减少大模型的猜测，使其生成的内容更符合实际需求，示例如下。

"假设你是一位历史学家，评论拿破仑的崛起。"

"基于最新的市场调研数据，分析新能源汽车的增长趋势。"

（3）数据元素

数据元素提供具体的数据、事实或引用内容，供大模型在生成内容时使用。数据元素的作用是确保生成内容的准确性和可靠性，尤其适用于需要数据支持的任务，示例如下。

"根据2023年的统计数据，分析全球碳排放的变化。"

"使用以下数据生成一份报告：[数据表格]。"

（4）知识域元素

知识域元素用于指定生成内容的专业领域或知识范围，帮助大模型调用相关知识。使用知识域元素的目的是确保生成内容符合特定领域的专业性要求，示例如下。

"利用计算机科学领域的知识，解释人工智能的工作原理。"

"从心理学角度分析社交媒体对青少年的影响。"

2. 结构类元素

结构类元素定义了生成内容的组织形式和呈现方式，决定了大模型输出的结构、格式和风格。结构类元素包括结构元素、格式元素、风格元素。

（1）结构元素

结构元素用于规定生成内容的逻辑结构，如段落安排、层次划分等。结构元素的作用是使生成内容条理清晰、逻辑连贯，示例如下。

"生成一篇包含引言、主体和结论的文章。"

"按照APA格式撰写一篇学术论文。"

（2）格式元素

格式元素用于指定生成内容的具体格式要求，如字数、语言、版式等。格式元素的作用是确保生成内容符合特定的格式标准，示例如下。

"生成一篇500字的中文短文。"
"生成一段包含注释和测试用例的Python代码。"

（3）风格元素

风格元素用于定义生成内容的语言风格，如正式、幽默、技术性等。风格元素的作用是使生成内容符合特定的语气和风格，示例如下。

"以幽默的风格写一篇关于减肥的文章。"
"以正式的商务语言撰写一份报告。"

3. 控制类元素

控制类元素用于管理和引导大模型的生成过程，确保输出符合预期并能够进行必要的调整。控制类元素包括任务指令元素、约束条件元素、输出验证元素、迭代指令元素。

（1）任务指令元素

任务指令元素明确告诉大模型需要执行的具体任务或操作。使用任务指令元素的目的是确保大模型清楚地理解任务目标，示例如下。

"以下内容翻译为法语。"
"生成一个关于环保的广告文案。"

（2）约束条件元素

约束条件元素用于对生成内容施加特定的限制条件，如字数限制、特定要求等。使用约束条件元素的目的是避免生成内容过于宽泛或偏离主题，示例如下。

"生成一篇不超过300字的短文。"

> “在生成内容时避免使用专业术语。”

（3）输出验证元素

输出验证元素要求大模型对生成内容进行验证或评估，确保其准确性和可靠性。使用输出验证元素的目的是提高生成内容的质量和可信度，示例如下。

> “验证生成的结论是否支持研究假设。”
> “检查生成的代码是否存在逻辑错误。”

（4）迭代指令元素

迭代指令元素引导大模型通过多轮迭代优化生成内容，即通过逐步改进，提升生成内容的质量，示例如下。

> “根据前一轮的反馈，优化生成的文案。”
> “在每一步操作结束后，总结中间结果。”

4. 提示词元素的协同效应

上述各种提示词的基本元素并非孤立存在，而是相互配合，共同作用于大模型生成过程。以下是几种常见的协同效应。

（1）互补增强

某些元素组合在一起，可以互相弥补不足，产生 1 加 1 大于 2 的效果。例如：

> ** 主题元素 + 数据元素 **：确保生成内容既有明确的主题，又有可靠的数据支持。

（2）级联激活

一个元素的激活可能引发一系列相关元素的连锁反应，形成一个自我强化的正反馈循环。例如：

> ** 背景元素 → 知识域元素 → 结构元素 **：背景信息激活相关知识域，进而引导内容的结构化生成。

（3）冲突调和

看似矛盾的元素组合可能产生意想不到的积极效果。例如：

```
**创意型提示词 + 约束条件元素**：在约束条件下激发创意，生成独特且符合要求的内容。
```

（4）涌现属性

某些元素组合在一起，可能产生单个元素所不具备的新特性。例如：

```
**结构元素 + 风格元素**：通过结构化的安排和特定的风格，生成具有独特魅力的内容。
```

了解提示词的基本元素是设计高效提示词的关键。信息类元素提供了生成内容的主题和背景，结构类元素定义了内容的组织形式，控制类元素用于确保生成过程符合预期。通过合理组合这些元素，可以显著提升大模型生成内容的质量和相关性，满足多样化的任务需求。

2.2.3　有效的提示词

一个有效的提示词应该具备以下特点。

（1）简洁明了

提示词应该直接表达任务的核心目标，避免冗长和复杂的表述。例如，“用 Python 实现快速排序算法”比“请详细说明如何用 Python 编写一个可以对一组数据进行排序的程序”简洁。简洁的提示词能够帮助大模型快速聚焦任务的关键点，降低产生误解的可能性。

（2）提供必要的上下文

简洁很重要，适当的上下文信息对大模型理解任务同样不可或缺。例如，在要求大模型“分析一份市场调研报告”时，可以提供报告的内容摘要、分析目的，以及关注的领域等信息。这些上下文信息能够帮助大模型更好地理解任务的背景和要求，从而生成更准确和更有用的输出。

（3）明确期望的输出格式

明确指出期望的输出格式可以帮助大模型更好地组织和呈现结果。例如，如果需要大模型“生成一份项目计划”，则可以指定输出格式为“包含任务分解、时间安排、资源分配和风险评估的表格形式”。这样，大模型就能按照期望的格式生成内容，减少后续的调整和修改工作。

（4）避免误导性或模糊的表述

在设计提示词时，要尽量避免使用可能引起误解或模糊的词汇和表述。例如，使用“大概”“可能”“差不多”等词汇，可能导致大模型难以确定具体的任务要求。

使用明确和具体的词汇能够提高沟通的准确性。例如，“请将文章的字数控制在 1500 字以内”比“文章不要太长”明确。

2.2.4 正确地表达需求

不同的任务类型可能需要不同的表达策略。以下是一些常见的任务类型及对应的提示词策略。

（1）决策需求

决策需求通常涉及权衡选项、评估风险并选择最优解。在这种情况下，提示词应该明确目标、选项和评估标准。例如，“根据以下三种投资方案（方案 A、方案 B、方案 C），结合预期收益、风险水平和投资期限等因素，推荐最适合长期稳健投资的方案”这种明确的提示词能够引导大模型进行逻辑推演和量化分析，从而提供合理的决策建议。

（2）分析需求

分析需求要求大模型对数据或信息进行深度理解，以发现模式或因果关系。此时，提示词应该包括问题描述、数据或信息来源及分析方法。例如，“分析过去五年的销售额数据（附 Excel 表格），使用回归分析法找出影响销售额的主要因素，并预测下一年的销售额”这种提示词可以使大模型按照指定的方法进行分析，并提供详细的分析结果。

（3）创造性需求

对于创造性需求，如文本创作、设计或方案生成，提示词应该明确主题、风格或约束条件及创新方向。例如，“创作一个关于未来城市的科幻故事，风格类似《银翼杀手》，包含人工智能、生态平衡和人类社会三个元素”这样的提示词，既为大模型提供了充足的创作空间，又能引导其生成符合特定风格和主题的内容。

（4）验证需求

验证需求需要检查逻辑自洽性、数据可靠性或方案可行性。提示词应该明确结论或方案、验证方法及可能的风险点。例如，“从目标受众匹配度和预算合理性的角度，验证以下营销方案是否可行（方案内容）。”

2.3　提示词高级技巧：提示词链

提示词链是针对复杂任务的一种高级提示词技巧。提示词链能够将复杂的任务分解为多个主要部分（子任务），逐一讨论各部分，并设定具体目标和预期结果。在各子任务完成后，总结关键点并与整体主题关联，最终通过层次结构图或思维导图展示各部分及其关系，从而实现任务的整合，完成复杂任务。

2.3.1　提示词链的设计过程

设计提示词链一般可以按照以下步骤进行。

① 明确总体目标：明确想要完成的最终目标。这是设计提示词链的基础。

② 任务分解：将总体目标分解成多个主要部分或子任务。每个子任务应该是可操作的，并且相互之间有逻辑关系。

③ 设计子任务的提示词：为每个子任务设计提示词，确保每个提示词有明确的目标和要求。

④ 建立任务间的逻辑关系：确保子任务间有清晰的逻辑关系，避免跳跃性（可以通过过渡语句或逻辑框架实现）。

⑤ 加入反馈调整机制：在每个关键步骤后添加反馈机制，以便根据输出结果调整后续的提示词。

⑥ 确保多样性和灵活性：提示词链应具有一定的灵活性，以适应不同的输出结果。同时，可以通过多种方式引导大模型思考。

⑦ 整合所有输出：完成所有子任务后，整合各部分内容，形成完整的输出。

⑧ 最终优化：对整个输出进行最终优化，确保内容的质量和一致性。

2.3.2 提示词链的应用案例

下面以撰写一篇关于气候变化的文章为例，介绍提示词链的具体设计方法。

① 明确总体目标。

提示词："撰写一篇关于气候变化的文章，旨在提高公众意识并采取行动。"

② 任务分解：全文应分为四部分，即四个子任务。

◎ 科学背景：介绍气候变化的定义、成因和科学依据。

◎ 主要影响：分析气候变化对环境、社会和经济的影响。

◎ 应对措施：提出个人、企业和政府可以采取的应对策略。

◎ 结论与呼吁：总结文章要点，并呼吁读者采取行动。

③ 设计子任务的提示词。

◎ "科学背景"部分的提示词："用简洁的语言介绍气候变化的定义和主要成因，包括温室气体的作用。引用最新的科学数据，说明全球气温上升的趋势。"

◎ "主要影响"部分的提示词："列举三个主要的环境影响，如海平面上升、极端天气事件增加等。分析气候变化对农业和经济的具体影响。"

◎ "应对措施"部分的提示词："提出三种个人可以采取的应对气候变化的行动，如减少碳足迹的方法。讨论政府在应对气候变化中的角色和政策建议。"

◎ "结论与呼吁"部分的提示词："总结文章的主要观点，强调气候变化的紧迫性。呼吁读者采取具体行动，如减少能源消耗、支持可再生能源等。"

④ 建立任务间的逻辑关系。

◎ 完成"科学背景"部分后，提示词可以是："基于以上介绍的科学背景，分析气候变化对环境的具体影响。"

◎ 完成"主要影响"部分后，提示词可以是："鉴于上述影响，提出个人和政府可以采取的应对措施。"

⑤ 加入反馈调整机制。

提示词："检查以上内容是否准确地描述了气候变化的科学背景。如果不准确，请修改。"

⑥ 确保多样性和灵活性。

提示词："除了已经提到的应对措施，还能想到其他创新的解决方案吗？""从不同角度（如经济、社会、环境）分析气候变化的影响。"

⑦ 整合所有输出。

提示词："将科学背景、主要影响、应对措施和结论与呼吁部分合并，形成一篇完整的文章。""检查整篇文章的连贯性和逻辑性，确保各部分紧密相连。"

⑧ 最终优化。

提示词："检查文章是否有语法错误或逻辑漏洞，并对其进行修改。""根据反馈意见，进一步优化文章的表达和结构。"

完整的提示词如下。

撰写一篇关于气候变化的文章，旨在提高公众意识并采取行动。要求如下：

文章应包含以下部分：科学背景、主要影响、应对措施和结论。

1. 科学背景部分

用简洁的语言介绍气候变化的定义和主要成因，包括温室气体的作用。引用最新的科学数据，说明全球气温上升的趋势。

检查以上内容是否准确地描述了气候变化的科学背景。如果不准确，请修改。

2. 主要影响部分

基于以上介绍的科学背景，分析气候变化对环境的具体影响。

列举三个主要的环境影响，如海平面上升、极端天气事件增加等。分析气候变化对农业和经济的具体影响，举例说明。

根据前文提到的科学背景，从不同角度（如经济、社会、环境）分析气候变化的影响。

3. 应对措施部分

鉴于上述影响，提出个人和政府可以采取的应对措施。

提出三种个人可以采取的应对气候变化的行动，如减少碳足迹的方法。讨论政府在应对气候变化中的角色和政策建议。

根据前文提到的影响，思考并补充更多具体的应对措施。

4. 结论与呼吁部分

总结文章的主要观点，强调气候变化的紧迫性。

（1）呼吁读者采取具体行动，如减少能源消耗、支持可再生能源等。

（2）将科学背景、主要影响、应对措施和结论与呼吁部分合并，形成一篇完整的文章。检查整篇文章的连贯性和逻辑性，确保各部分紧密相连。检查文章是否有语法错误或逻辑漏洞，并对其进行修改。根据反馈意见，进一步优化文章的表达和结构。

（3）生成最终版本的文章，并确保内容准确、有说服力且易于理解。为文章设计一个吸引人的标题，如“气候变化：我们面临的最大挑战及应对之道”。为文章添加适当的副标题或小标题，帮助读者更好地理解文章结构。

DeekSeek-V3 在此提示词的要求下，完成了文章的撰写，其结果如图 2-3 所示。

气候变化：我们面临的最大挑战及应对之道

科学背景：气候变化的定义与成因

气候变化是指地球气候系统在长时间尺度上的显著变化，主要表现为全球气温上升、降水模式改变以及极端天气事件频发。其主要成因是人类活动，尤其是工业革命以来大量燃烧化石燃料（如煤、石油和天然气），导致温室气体（如二氧化碳、甲烷等）浓度急剧增加。这些气体像一层"毯子"一样包裹着地球，阻止热量散失，从而导致全球变暖 [2] [11]。

根据最新科学数据，全球平均气温自20世纪以来已上升约1.2℃，其中2017年全球平均表面温度比1981—2010年平均值高出0.46℃，比工业化前水平高出约1.1℃ [2] [11]。如果不采取紧急行动，到21世纪末，全球气温将可能上升超过2℃。这将带来灾难性后果。

主要影响：气候变化的多维度冲击

对环境的影响

1. **海平面上升**：由于冰川和冻土融化，全球海平面自20世纪末以来每年上升约3.2毫米，预计到21世纪末将上升1米以上。这对沿海城市和岛屿国家构成了严重威胁，例如孟加拉国近半数人口生活在海平面以下 [11]。
2. **极端天气事件增加**：气候变化导致暴雨、飓风、干旱等极端天气事件的频率和强度显著增加。例如，2015年尼罗河流域的严重洪水造成数十亿美元的经济损失 [11]。
3. **生态系统破坏**：气候变化导致物种栖息地丧失，生物多样性受到严重威胁。例如，北极冰盖的融化使北极熊等物种面临生存危机 [2]。

对农业和经济的影响

气候变化对农业的影响尤为显著。全球变暖导致作物生长周期缩短，产量下降。例如，2019年东非因干旱导致粮食短缺，数百万人陷入饥荒 [11]。在中国，气候变化使水稻、小麦等作物的种植界限北移，虽然部分地区受益于种植带扩展，但整体上粮食安全面临更大挑战 [4] [8]。

经济方面，气候变化加剧了自然灾害的频率和强度，给全球经济带来沉重负担。例如，2018年墨西哥城洪水造成数十亿美元损失，严重影响了城市经济 [12]。此外，气候变化还导致能源需求增加和供应不稳定，进一步推高了能源成本 [10]。

应对措施：个人与政府的行动

个人行动

1. **减少碳足迹**：选择步行、骑行或公共交通，减少私家车使用；节约用电，使用节能电器。
2. **支持可持续消费**：购买本地生产的食品，减少肉类消费，选择环保产品。
3. **参与环保活动**：加入社区环保组织，参与植树造林或清洁活动，提高环保意识 [10] [11]。

图 2-3　DeekSeek-V3 撰写的文章（部分）

第 3 章　DeepSeek-V3 技术剖析

3.1　DeepSeek 的模型架构

从整体看，DeepSeek 的架构如图 3-1 所示。

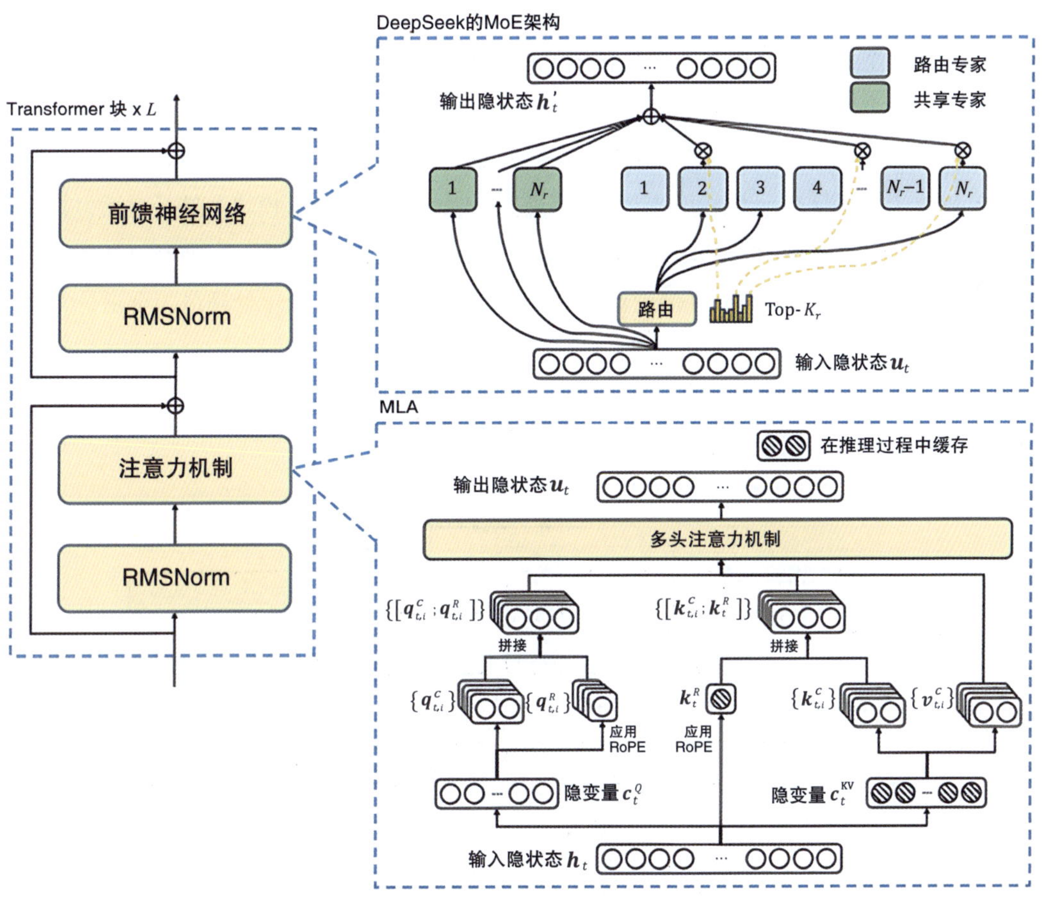

图 3-1　DeepSeek 的架构

DeepSeek 尽管仍然使用 Transformer 架构，但使用 MoE 替代了前馈神经网络（FFN），并且在细节实现上做了大量的优化和创新。为了深入理解这些优化和创新，我们有必要先弄清楚什么是 MoE 架构，以及它是如何应用在 Transformer 中的。

3.1.1 MoE 的起源与发展

每个人都有自己的强项与短板，大部分人通过自己的强项谋生，小部分人会成为领域专家，哪怕是天才，也只是某一领域的天才。但是，人们对工具的能力要求很高。人们对大模型的要求，在深度上体现在能进行复杂的推理和思考，在广度上体现在能掌握各种语言，精通政治、经济、数学、物理、化学、生物等。因此，训练大模型需要广泛多样的数据集、大规模的参数及可利用的海量计算资源——相当于培养一位全知全能的全才。

随着大模型技术的发展，从业者追求一种能够以尽可能低的计算开销大幅扩展模型能力的有效方法成为必然。对此，一种自然的思路是将庞大的模型分割成许多小块，每块只负责处理某一专业领域的任务。例如，当模型讨论政治话题时，系统激活“政治模块”进行对话，其他模块处于休眠状态；当模型讨论物理话题时，系统激活“物理模块”进行对话，其他模块处于休眠状态。这样的系统，具有多种能力，而消耗的计算资源很少。如图 3-2 所示，每层有 4 个专家，路由（Router）接受输入后，判断该输入由哪个专家处理最为合适，并将输入交给该专家。

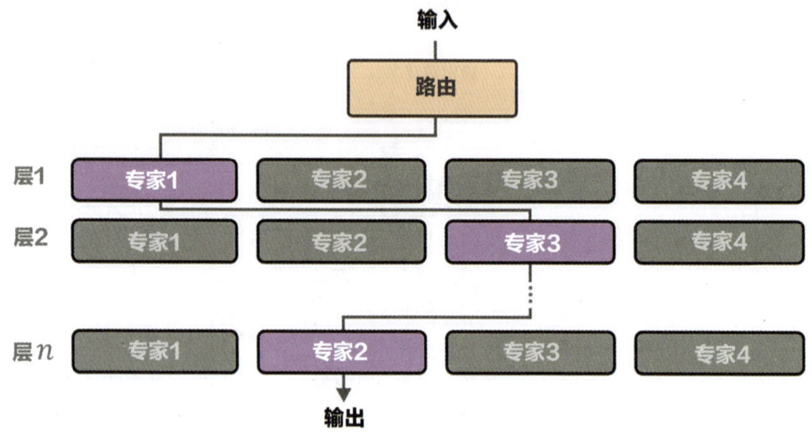

图 3-2　专家路由示意图

这种思路在传统的计算机软件系统里很常见，如动态链接库、动态加载某个类文件等。当系统需要使用某个功能时，可将程序文件加载到内存中运行，运行结束后从内存中释放程序。这种做法大幅节省了内存资源，提高了系统的效率。在人工智能领域，各种集成学习方法本质上也利用了这种“分而治之”的专家思想。

要想在大模型中实践专家思想绝非易事，其原因在于我们很难划分知识的领域：一方面，知识的边界不清晰，如梯度下降法属于数学和计算机两个领域；另一方面，知识的种类很多，很难确定划分的粒度，如物理学是否有必要再细分。

还有一点，就是如何选择对应的领域专家（图 3-2 中路由的职责）。如果专家选错了，那么后面必然会发生错误。

1. MoE 的早期探索：解耦

1991 年，Michael Jordan 和 Geoffrey Hinton 在论文“A Simple Weight Decay Can Improve Generalization”中提出了神经网络可以“分而治之”训练和学习的思路。这篇论文被公认为 MoE 的开山之作。

这篇论文有几个重要的观点和思路。如果一个神经网络同时执行多个不同的任务，那么通常会出现强烈的干扰效应，导致学习速度慢且泛化能力差。例如，为了优化任务 A 的性能，网络可能需要增加某些权重，但这些权重的增加可能会影响任务 B 的性能。这种冲突会导致网络在训练过程中反复调整权重，损失（Loss）振荡，难以收敛。

为了解决上述问题，我们将训练集自然地划分成对应于不同子任务的子集，使用多个专家网络（Expert Network）加上一个门控网络（Gating Network）来分配任务，从而降低干扰，如图 3-3 所示。每个专家网络专注于处理特定子集的任务，门控网络则决定每个训练案例由哪个专家网络处理。

我们设计一个新的损失函数，使各专家网络能够解耦，以减少相互影响。对于多个专家网络，一个能自然想到的损失函数是

$$E^c = \| \boldsymbol{d}^c - \sum_i p_i^c \boldsymbol{o}_i^c \|^2$$

这个损失函数表明：整个系统的最终输出是各专家网络输出的线性组合，门控网络决定每个专家网络的输出在线性组合中的比例。但是，在实际训练中，这会导致专家网络的强耦合。也就是说，随着训练的进行，一项任务最终由多个专家共同解决。这达不到我们的初衷：不解耦，模块化的优势就体现不出来，模型还是像一个大的神经网络。

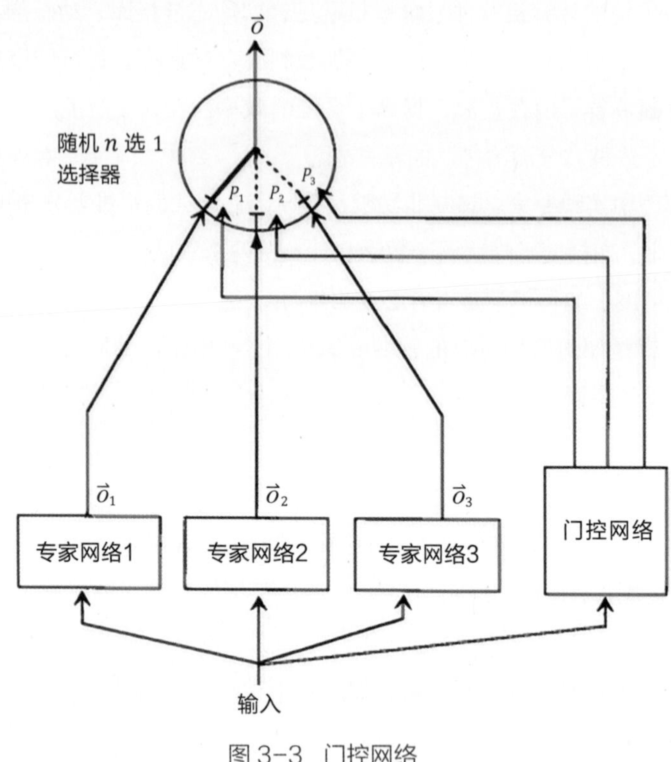

图 3-3 门控网络

当损失函数为如下形式时：

$$E^c = \langle \| \boldsymbol{d}^c - \boldsymbol{o}_i^c \|^2 \rangle = \sum_i p_i^c \| \boldsymbol{d}^c - \boldsymbol{o}_i^c \|^2$$

每个专家网络都需要生成整个输出结果。这意味着专家网络的独立性强，权重更新不再需要考虑其他专家网络的影响。更重要的是，在这种损失函数的训练下，当一个专家网络的误差小于所有专家网络误差的加权平均值时，它的权重就会增大，而当它的误差大于此加权平均值时，它的权重就会减小。所以，使用这种损失函数训练出来的模型，各专家网络之间是竞争关系，而不是合作关系。正是这种“竞争上岗”的模式，形成了动态加载的效果。

每个专家独立计算损失，从而鼓励每个数据样本尽可能被一个专家处理——这种结构不仅提高了模型的效率，还使模型在推理时可以只激活部分专家，从而大幅减少了计算资源的消耗。如同唐僧师徒团队：唐僧名气大、面子大，遇到社交场合，就由唐僧去谈；孙悟空擅长降妖除魔，遇到妖怪就请孙悟空出战；沙和尚任劳任怨，脏活累活由沙和尚干；猪八戒好吃懒做，就在团队搞搞气氛。这就是模块解耦要达到的效果。

这篇论文的重大贡献在于用一种新的损失函数训练模型，使各专家网络解耦。不过，那时大模型尚未兴起，人们还未充分意识到这种模块化和解耦的思想带来的好处。这种思想被提出后，沉寂了很多年。这一等，就是 20 多年。

2. MoE 的发展：极大的神经网络

时间来到 2017 年，深度学习兴起，大模型还未出现，卷积神经网络（CNN）、循环神经网络（RNN）、长短时记忆（LSTM）算法大行其道。

由于结构的局限，CNN、RNN、LSTM 网络无法做得很深，模型的能力不强。所以，研究人员希望通过增加专家（Expert）的数量来增强模型的能力——纵向扩展做不到，那就试试横向扩展。于是，Geoffrey Hinton 提出了构建“极大的神经网络”的思路，其核心思想是稀疏混合专家：每层网络的专家越多越好，每次激活的专家越少越好（最好就那么一两个）。专家的数量越多，意味着模型的容量越大，所拥有的能力越强；每次激活的专家数量越少，意味着专家解耦越好，消耗的计算资源越少。通过这种方式，在 LSTM 这种不容易扩展规模的神经网络中，实现了 1000 倍的容量扩展，如图 3-4 所示。

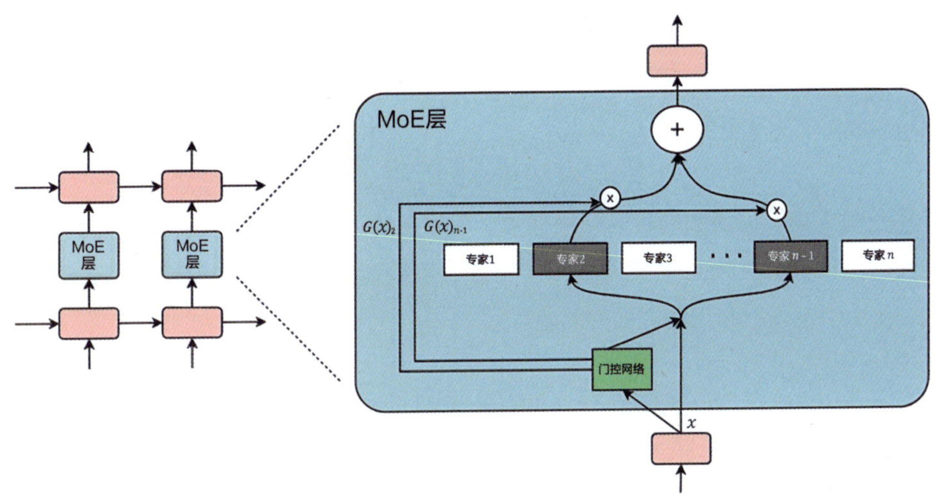

图 3-4　LSTM 网络下的 MoE 层

在这种思路下，MoE 层由多个专家网络和一个门控网络组成。每个专家网络都是一个简单的 FFN，而门控网络负责根据输入动态选择少量专家处理每个输入样本。

门控网络也是一个 FFN，它接收输入向量后，输出一个表示权重的向量（向量的维度为专家个数，并与各专家一一对应）。当权重接近 0 时，该位置所对应的专家不被激活（不参与计算），即只激活高权重位置所对应的专家。

实现这样一个 MoE 模型并且达到我们想要的效果，并不是一件容易的事，有一些技术难题需要解决。门控网络在训练时总是倾向于收敛到一个状态，即它总是为少数专家产生较大的权重。造成这种不平衡的原因是自我强化：受青睐的专家经常被激活，从而得到充分的训练；专家经过充分的训练，更容易被激活。这种现象类似于：一个员工工作能力强，老板总是把工作交给他去做，大事小事都要他做，他的能力被锻炼得越来越强，工作也越来越多。这种现象会造成很大的负面影响，即其他专家几乎不会被激活，成了摆设，模型退化到小模型状态。

我们想要的效果是有很多专家，并且这些专家有几近相等的机会被激活，不存在“摆设”专家。只有这样，才能实现模型整体能力强（每个专家都有机会被激活）且占用计算资源少（每次只激活少数专家）的目标。对此，Geoffrey Hinton 给模型添加了两个辅助损失函数：重要性损失（Importance Loss）函数和负载平衡损失（Load Balancing Loss）函数。

使用重要性损失函数的目的是确保所有专家在训练过程中具有大致相等的重要性。通过最小化这个值，可以使所有专家的重要性值的分布较为均匀。

$$\text{Importance}\,(X)=\sum_{x\in X}G\,(x)$$

$$L_{\text{importance}}\,(X)=w_{\text{importance}}\cdot \text{CV}\big(\text{Importance}\,(X)\big)^2$$

使用负载平衡损失函数的目的是确保每个专家接收数量大致相等的样本。例如，一个专家可能接收少量权重较大的样本，另一个专家可能接收许多权重较小的样本，这样可能会在分布式训练中引起内存和性能方面的问题。

$$L_{\text{load}}(X)=w_{\text{load}}\cdot \text{CV}\big(\text{Load}\,(X)\big)^2$$

负载平衡损失函数计算负载向量的变异系数的平方，然后乘以一个手动调整的缩放因子 w_{load}。$L_{\text{load}}(X)$ 是一个平滑估计器，用于估计一批输入 X 分配给每个专家的样本数量。

从这里开始，辅助损失函数成为训练 MoE 模型的“标配”。在实践中，辅助损失函数的引入，能够在一定程度上缓解负载不均衡的问题，而其副作用是容易造成模型性能损失。尽管人们尝试对辅助损失函数进行改造，也只能降低模型性能的损失，很难彻底解决这个问题。

3. Transformer 中的 MoE

当 Transformer 成为主流模块时，将 MoE 的思想移植到 Transformer 上就是顺理成章的。这里有两个主要的改进策略：一是通过将 Transformer 编码器和解码器中的 FFN 层替换为 Top-2 门控网络的 MoE 层，在 Transformer 上实现 MoE；二是出现了 Transformer 架构下 MoE 在多机多卡上训练的方案，即 MoE 层在不同设备之间共享，每张卡仅装载少量专家，然后通过网络通信实现各 MoE 层之间的信息传递（如图 3-5 所示）。

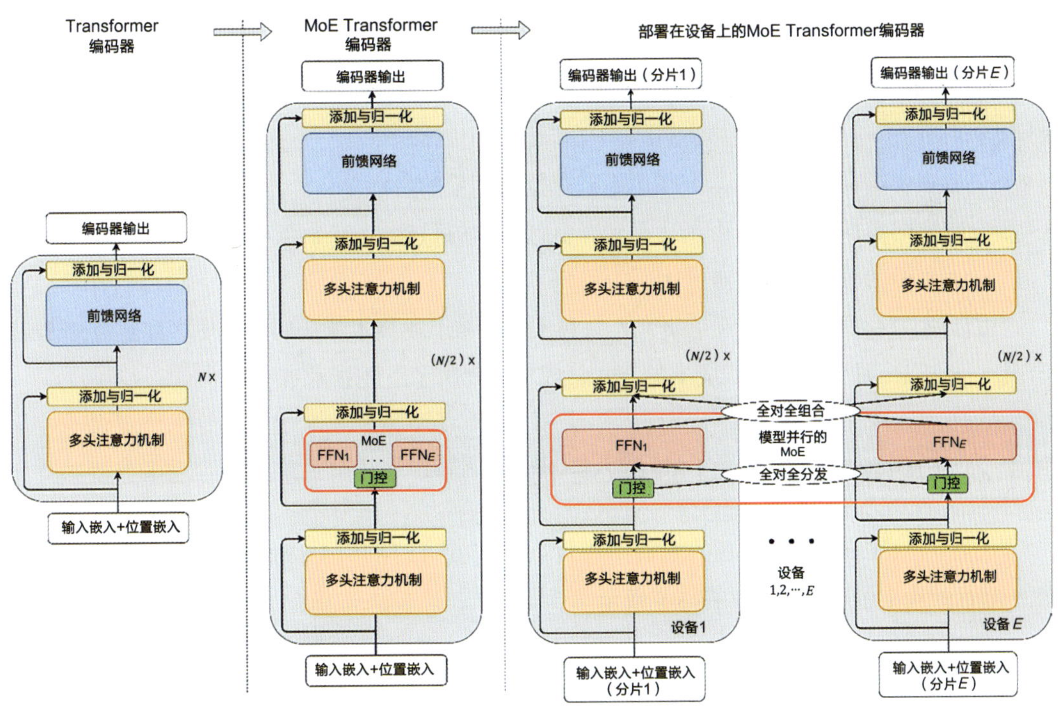

图 3-5 Transformer 中的 MoE

这种方法虽然取得了显著进展，但也存在一些局限，主要体现在通信成本高和训练稳定性不足上，具体如下。

◎ 数据传输开销大：MoE 层在不同设备之间共享，导致在训练过程中需要频繁地在设备之间传输数据。例如，一个 token 被路由到不同设备上的专家网络并完成任务后，需要将处理结果汇总，这就增加了通信成本。

◎ 同步通信瓶颈：在分布式训练中，不同设备之间需要同步通信以确保模型参数的一致性。MoE 层的专家分布在多个设备上，尤其在大规模分布式训练场景中，这种同步通信可能会成为瓶颈。

◎ 负载均衡问题：尽管引入了辅助损失函数和专家容量限制（每个专家每次能处理的 token 数量有限）等机制来平衡专家负载，但在实际训练中，仍然可能出现负载不均衡的情况。这种负载不均衡可能导致训练不稳定，影响模型的收敛速度和性能。

使用专家容量限制的方法虽然可以避免专家过载，但如果设置不当，就可能导致一些 token 无法被处理进而丢失信息的问题，影响模型的学习效果。

4. MoE 发展历程总结

与传统的神经网络相比，MoE 架构虽然有理论上的性能上限优势，但也面临诸多工程上的难题和挑战。这些难题和挑战主要集中在以下三个方面。

◎ 专家要解耦、要稀疏，否则达不到降低计算量的目标。

◎ 专家的负载要均衡，否则达不到降低计算量的目标。

◎ 大规模的分布式训练难度大、不稳定。

可以说，MoE 的发展史就是研究人员和工程师与上述技术难题的斗争史。直到 DeepSeek 出现——它以一种优雅的、低成本的方式，成功地解决了上述技术难题。

3.1.2 DeepSeek-V3 的 MoE 优化

了解了 MoE 架构及 MoE 的发展历程后，我们就可以剖析 DeepSeek-V3 的 MoE 架构，领悟其在架构上的创新了，如图 3-6 所示。

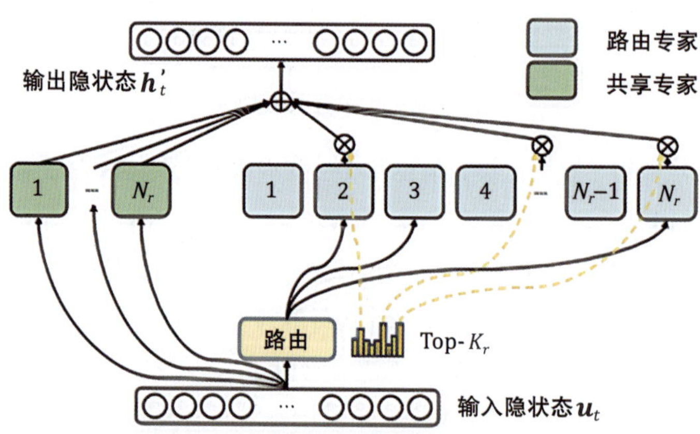

图 3-6 DeepSeek-V3 的 MoE 架构

DeepSeek-V3 的每个 MoE 包含 32 个共享专家和 256 个路由专家，每个专家的中间隐藏维度是 2048。每个 token 输入通过路由后，将激活 8 个路由专家和 1 个共享专家，其他大部分路由专家处于静默状态，不参与运算。

1. 专家数量与激活策略

在传统的 MoE 架构中，通常采用少量大专家的设计，即专家数量较少，每个专家的参数量较大。这种设计虽然能保证每个专家具有较强的学习能力，但会导致模型的稀疏性不足，每次激活的专家运算量仍然较大。

与传统方法不同，DeepSeek-V3 采用大量小专家的设计，模型包含 256 个专家，每次激活其中的 8 个。虽然 Mixtral 8x7B 大模型也只包含 8 个专家，但它在处理复杂任务时的表现不如 DeepSeek-V3。这种大量小专家的设计有以下优点。

◎ 提高模型的稀疏性：大量小专家的设计使模型在每次计算中只激活少量专家，显著提高了模型的稀疏性。这种设计不仅减少了计算量，还降低了显存占用率。

◎ 提升模型的性能上限：通过增加专家的数量，模型能够学到更多的特征和模式，从而提升整体性能。在处理复杂的自然语言任务时，这种设计能更好地捕捉细微的语义差异。

2. 负载均衡策略

在传统的 MoE 架构中，负载不均衡是一个常见的问题。某些专家可能被过度使用，而其他专家处于闲置状态，这会导致计算资源的浪费并降低模型的训练效率。例如，在一些规模较大的模型中，由于门控机制不完善，部分专家可能承担过多的计算任务，而其他专家几乎没有被激活。一些传统 MoE 模型依赖辅助损失函数实现负载均衡，而过大的辅助损失会影响模型的性能。

辅助损失函数是一种显式的损失函数，用于鼓励负载均衡。它通常以正则化项的形式被添加到模型的总损失函数中，以惩罚负载不均衡的情况。具体来说，辅助损失函数会计算每个专家的负载，并对负载不均衡的情况施加惩罚。但是，辅助损失函数的目标可能会和总损失函数的目标矛盾，或多或少影响模型的效果。

DeepSeek-V3 引入了一种无辅助损失的负载均衡策略。无辅助损失是一种不依赖显式辅助损失函数的负载均衡策略，通过动态调整每个专家的偏置项，而不是通过显式的损失函数，实现负载均衡。这种策略的目标是在不引入额外损失的情况下实现高效的负载均衡。

在 DeepSeek 的 MoE 架构中，假设 $\boldsymbol{u}_t$ 是第 t 个 token 的 FFN 输入，具体如下。

$$\boldsymbol{h}_t' = \boldsymbol{u}_t + \sum_{i=1}^{N_s} \mathrm{FFN}_i^{(s)}(\boldsymbol{u}_t) + \sum_{i=1}^{N_r} g_{i,t}\,\mathrm{FFN}_i^{(r)}(\boldsymbol{u}_t)$$

$$g_{i,t} = \frac{g_{i,t}'}{\sum_{j=1}^{N_r} g_{j,t}'}$$

$$g_{i,t}' = \begin{cases} s_{i,t} & s_{i,t} \in \mathrm{Topk}\left(\{s_{j,t} | 1 \leqslant j \leqslant N_r\}, K_r\right) \\ 0 & \text{否则} \end{cases}$$

$$s_{i,t} = \mathrm{Sigmoid}(\boldsymbol{u}_t^{\mathrm{T}} \boldsymbol{e}_i)$$

DeepSeek-V3 为每个专家引入了一个偏置项 b_j，并将其添加到相应的亲和度分数中，具体如下。

$$g_{i,t}' = \begin{cases} s_{i,t} & s_{i,t} + b_i \in \mathrm{Topk}\left(\{s_{j,t} + b_j | 1 \leqslant j \leqslant N_r\}, K_r\right) \\ 0 & \text{否则} \end{cases}$$

在训练过程中，持续监控专家负载：如果对应的专家负载过大，则减小偏置项 b_j；如果对应的专家负载不足，则增大偏置项 b_j。这种动态调整机制能有效地避免负载不均衡的问题，同时不会对模型性能造成负面影响，在负载均衡和模型性能之间实现了更好的平衡。

尽管上述策略是一个偏重整体和宏观的平衡策略，但模型仍可能在单样本上出现负载不均衡的问题。因此，DeepSeek-V3 采用互补序列来平衡损失，进一步优化了负载均衡的效果。

互补序列策略主要用于平衡一个序列里每个专家的激活次数。该策略不仅提高了模型的训练效率，也确保了模型在推理过程中的负载均衡，避免了因负载不均衡导致的性能下降，具体如下。

$$\mathcal{L}_{\mathrm{Bal}} = \alpha \sum_{i=1}^{N_r} f_i P_i$$

$$f_i = \frac{N_r}{K_r T} \sum_{t=1}^{T} 1 \quad \left(s_{i,t} \in \mathrm{Topk}\left(\{s_{j,t} | 1 \leqslant j \leqslant N_r\}, K_r\right)\right)$$

$$s'_{i,t} = \frac{s_{i,t}}{\sum_{j=1}^{N_r} s_{j,t}}$$

$$P_i = \frac{1}{T}\sum_{t=1}^{T} s'_{i,t}$$

上述第 2 个公式用于统计在一个序列中第 i 个专家被激活的次数（只要满足条件就加 1），括号中的内容就是条件，表示在单个 token 上第 i 个专家是否被激活。

3. 共享专家

在解决 MoE 架构的负载均衡问题时，我们其实希望每个专家被激活的次数是差不多的，也就是“平衡的路由”。然而，这并不总是成立，有时会出现个别专家被选择的次数较多，而其他大量专家被闲置的情况。举一个极端的例子：只有一个专家被激活，其他专家永远被闲置，大模型其实已经退化成只包含一个专家的小模型了。

造成负载不均衡的原因很简单。就像我们使用的大模型，有些知识是经常用到的，如日常问候语，有些知识则很少用到，如 1510 年中国的皇帝是谁。一个设计合理的混合专家模型应该有一些经常被访问的专家来存储常用信息，同时有一些很少被访问的专家来存储特殊的或不常用的信息。当然，这种知识存储是隐式的存储，和人们认知中的知识类别是有差异的。有一种解决方法是由多个专家存储相同的信息，互为冗余，但这样做效率很低。

为了解决这个难题，DeepSeek 提出了一种新方法，把专家分成共享专家和路由专家。共享专家是无论如何都会被访问的，不受路由不平衡的影响，主要存储通识类知识。在这里，我们只需要确保存储专业知识的路由专家的激活次数是平衡的。这种平衡是一种概率上的动态平衡，只需要保证整体的平衡，而不需要无时无刻的绝对平衡。

4. 通信优化

为了解决 MoE 架构带来的通信问题，DeepSeek-V3 通过以下策略优化通信过程。

◎ 限制分发节点的数量：DeepSeek-V3 限制每个 token 最多分发到 4 个节点，减少了跨节点通信的次数。这种限制不仅降低了通信开销，还提高了通信效率。

◎ 高效的通信协议：DeepSeek-V3 采用高效的通信协议 InfiniBand（IB）和 NVLink。这些协议能够充分利用网络带宽，缩短数据传输时间。DeepSeek-V3 通过优化通信协议，将通信和计算的比例大约控制在 1:1，从而最大化地利用网络带宽，突破通信瓶颈。

3.1.3 DeepSeek-V3 的 MoE 架构的优势

1. 计算效率提升

DeepSeek-V3 的稀疏激活机制显著降低了计算成本和显存占用率。与传统的全激活模型相比，使用稀疏激活机制的模型能够节省大量的计算资源，使模型在有限的硬件资源下实现更高的性能。

2. 性能提升

DeepSeek-V3 通过增加专家数量和优化负载均衡策略，实现了更高的性能。大量小专家的设计使模型能够学到更多的特征和模式，无辅助损失的负载均衡策略则确保每个专家都能得到充分的训练，二者的结合使 DeepSeek-V3 在处理复杂的自然语言任务时表现优异。

一些传统模型的专家数量较少，无法学习足够的特征，因此在复杂任务上性能受限。DeepSeek-V3 通过大量小专家的设计和优化的负载均衡策略，在保持较低计算成本的同时实现了较高的性能。这种性能的提升使 DeepSeek-V3 能更好地满足各种复杂任务的需求。

3. 可扩展性强

MoE 架构的灵活性使 DeepSeek-V3 能够轻松地扩展模型的规模。通过增加专家的数量和优化负载均衡策略，DeepSeek-V3 能够在保持高效训练和推理能力的同时，实现模型规模的扩展。这种可扩展性使 DeepSeek-V3 能够适应不同规模的任务，具有广泛的应用前景。

3.1.4 DeepSeek-V3 的 MLA

多头潜在注意力（Multi-Head Latent Attention，MLA）是 DeepSeek-V3 的一项重要技术创新，旨在优化传统 Transformer 架构的注意力机制，提高在模型推理阶段使用 KV Cache（键值缓存）的性能和效率。

1. 传统的多头注意力机制

多头注意力（Multi-Head Attention，MHA）是 Transformer 架构的一个核心组件，它允许模型在处理输入序列的同时关注来自不同位置的不同子空间表示的信息。

MHA 将输入向量分成多个并行的注意力“头”，每个头独立计算注意力权重并产生输出。然后，MHA 通过拼接和线性变换将这些输出合并，生成最终的注意力表示。整个过程如图 3-7 所示。

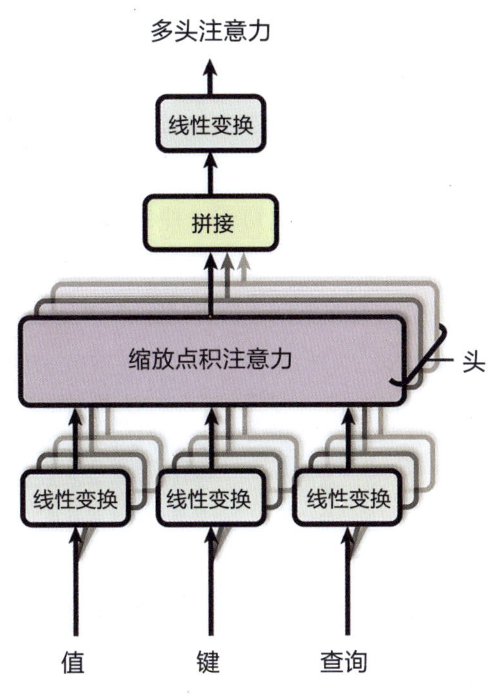

图 3-7　多头注意力示意图

在 Transformer 架构中，多头注意力机制是计算成本最高的部分之一。在传统的推理方式中，每次生成 token 时需要重新计算之前所有 token 的注意力，这造成了大量的冗余计算。为了提高计算效率，研究人员提出了一种名为 KV Cache 的技术：利用 Transformer 架构的自回归特性，每生成一个 token 就缓存其对应的键（Key，即 K）和值（Value，即 V）向量，供后续 token 使用。通过缓存之前 token 的 KV 值，使新 token 在预测时可以直接从缓存中读取结果，避免了重复计算。

尽管 KV Cache 显著提升了大模型的推理效率，但其本身带来了新的技术挑战。随着输入上下文长度的增加，每个头都需要存储大量的键、查询（Query，即 Q）和值向量，导致 KV Cache 占用的显存资源迅速增加（随着上下文长度的增加线性增长）。这对硬件资源提出了更高的要求，限制了模型的上下文窗口大小。这个问题在大模型大规模部署时尤为突出。

为了解决大量占用缓存的问题，MQA（多查询注意力）、GQA（分组查询注意力）、MHA 等算法陆续被提出。它们的优化策略是将头分组，多个头共用一个向量，从而降低缓存占用率。

2. DeepSeek 的多头潜在注意力机制

在开源模型中，减小 KV Cache 的主要方法是分组查询注意力（如 Llama-3.3-70B 和 Mistral Large 2 等模型）。在这种架构中，模型为每对键和值分配多个查询头，将查询头分组，通过选择的组大小因子减小 KV Cache。尽管分组查询注意力能够减小 KV Cache，但在一定程度上牺牲了模型的质量。DeepSeek 则找到了一种在尽可能不牺牲质量的前提下减小 KV Cache 的方法，即 MLA。

MLA 的核心思想是通过引入潜在空间（Latent Space）压缩注意力机制中的关键信息，从而在不显著降低模型性能的前提下降低显存占用率和计算复杂度，如图 3-8 所示。

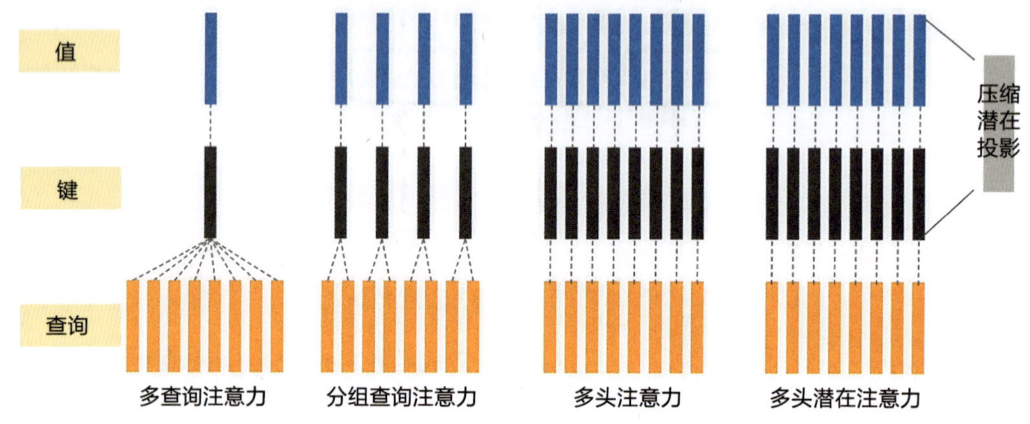

图 3-8　MLA 与其他多头注意力对比示意图

3. MLA 的实现细节

MLA 的基本思想是：在计算注意力权重时，首先将输入的 Query 和 Key 通过一个可学习的压缩矩阵映射到一个低维的潜在空间中；在这个潜在空间中，因为低维空间的向量运算所需的资源很少，所以注意力权重的计算效率变得很高；最后，通过解压缩操作将计算得到的注意力权重映射到原始空间，用于后续的 Value 加权求和操作（如图 3-9 所示）。

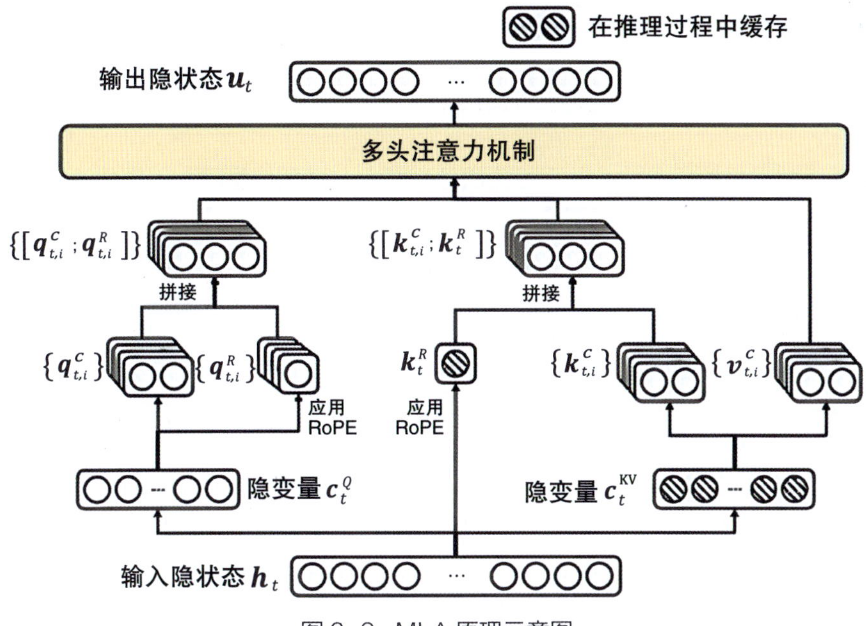

图 3-9 MLA 原理示意图

MLA 的实现包括以下几个关键步骤。

◎ 压缩映射：将输入的 Query 和 Key 通过一个可学习的线性变换映射到低维的潜在空间中，公式如下。

$$Q_{\text{latent}} = W_Q Q, \quad K_{\text{latent}} = W_K K$$

其中，W_Q 和 W_K 是可学习的权重矩阵，用于将 Query 和 Key 压缩到潜在空间中。

◎ 注意力权重计算：在潜在空间中计算注意力权重，公式如下。

$$\text{Attention}_{\text{latent}} = \text{softmax}\left(\frac{Q_{\text{latent}} K_{\text{latent}}^{\text{T}}}{\sqrt{d_{\text{latent}}}}\right)$$

其中，latent 是潜在空间的维度。

◎ 解压缩映射：将计算得到的注意力权重从潜在空间映射到原始空间，公式如下。

$$\text{Attention}_{\text{original}} = W_{\text{decomp}} \text{Attention}_{\text{latent}}$$

其中，W_{decomp} 是解压缩矩阵，用于将潜在空间中的注意力权重恢复到原始维度。

◎加权求和：使用解压缩的注意力权重对 Value 进行加权求和，得到最终的输出，公式如下。

$$\text{Output} = \text{Attention}_{\text{original}}\boldsymbol{V}$$

4. MLA 为什么有效

低秩压缩技术之所以有效，一个可能的解释是：在处理信息时，不同的注意力头（可以理解为不同的处理单元）需要很多相同的信息。这就像在很多情况下，不同的工作小组在处理任务时需要访问相同的资料库。

如果只是简单地对每个注意力头单独使用低秩压缩，而不是把它们需要的信息放在一起压缩，就相当于在一开始减小每个小组的资料库空间。然而，这样做不会带来任何好处。关键在于，我们要认识到不同的小组（注意力头）实际上需要访问相同的资料库（信息）——这对 MLA 来说非常重要。

像 GQA 这样的方法，虽然也尝试利用信息重叠的可能性，但处理方式不够好。GQA 把一些注意力头分为一组，让这些注意力头用相似的方式处理信息。这就像强制让一个小组的成员用相同的方法处理任务，这样做会限制信息共享的灵活性。实际上，每个小组的成员应该能够根据自己的需要，以不同的方式使用共享信息。

相比之下，低秩压缩允许不同的注意力头以不同的方式使用相同的信息，就像让不同小组的成员以不同的方式访问同一个资料库。理论上，这样做不仅能提高效率，还能帮助模型更好地学习和泛化。

5. MLA 的优势

MLA 的引入为 DeepSeek-V3 带来了显著的优势。

◎显存占用率降低：在低维空间中进行计算，显存占用率大幅降低，模型能够处理更长的上下文窗口（提升了模型的长文本处理能力）。

◎计算效率提升：低维空间中的矩阵运算效率高，可以使计算复杂度降低，模型的训练和推理速度提高。

◎性能稳定：尽管进行了压缩和解压缩操作，但 MLA 通过精心设计的可学习矩阵，能够在减少资源消耗的同时保持模型性能的稳定。

3.1.5 DeepSeek-V3 的 MTP

多令牌预测（Multi-Token Prediction，MTP）是 DeepSeek-V3 的一项重要技术创新，通过同时预测多个 token，显著提高了模型的训练效率。

在传统的 Transformer 架构中，通常一次只预测一个 token。这种单步预测方式的问题在于：每次只能看到一个 token，训练过程中的数据利用率较低；视野过窄，每次只能向后看一个 token，无法把握全局信息。

1. MTP 技术发展脉络

最早尝试解决单步预测问题的是 2018 年（Transformer 诞生的那一年）的谷歌。谷歌在其论文“Blockwise Parallel Decoding for Deep Autoregressive Models”中提出了“块并行解码”的思想，如图 3-10 所示。在解码过程中，模型不是逐个生成 token，而是同时预测多个 token（称为“块”）。最后，通过一个评分模型验证这些块的有效性，将通过验证的最长的前缀作为输出。这一过程可以显著减少解码所需的迭代次数。

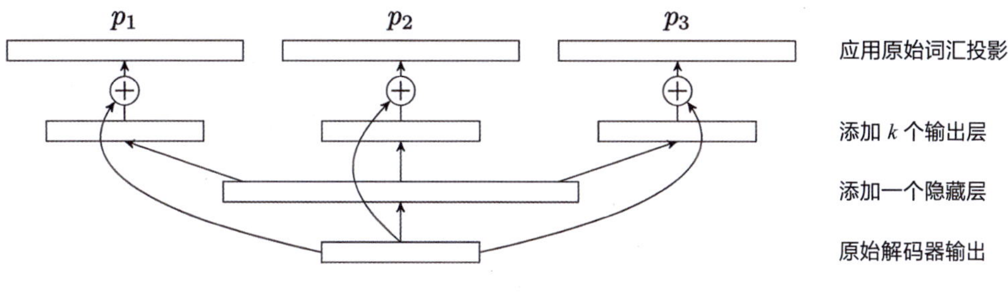

图 3-10 块并行解码示意图

实验结果显示：与传统的贪婪解码相比，块并行解码在不损失质量的情况下，可实现解码速度 2 倍的提升；在稍微降低性能的情况下，可实现解码速度 7 倍的提升。

2024 年，MTP 算法由 Meta 正式提出。其设计思路是让模型在训练阶段共享一个基础结构，然后通过顶层的多个头一次性输出多个预测 token。具体来说，MTP 在训练过程中，不仅会预测下一个 token，还会同时预测后续的多个 token。例如，输入序列 t_1, t_2, t_3, t_4，MTP 不仅会预测 t_5，也会同时预测 t_6、t_7 等。上述流程如图 3-11 所示。

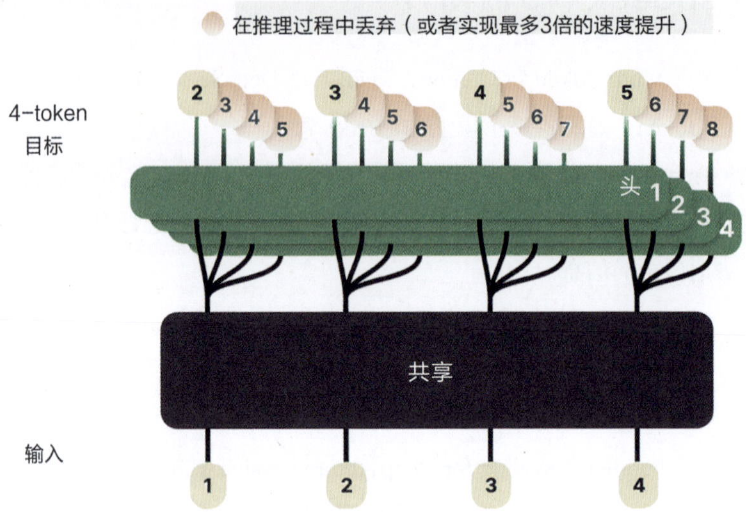

图 3-11 MTP 示意图

模型的损失函数从传统的下一个 token 预测损失函数扩展为多 token 预测损失函数。通过这种方式，模型在训练中需要同时考虑多个未来 token 之间的关系，公式如下。

$$L_n = -\sum_t \log P_\theta(x_{t+n:t+1}|x_{t:1})$$

一次预测多个 token，可以迫使模型学到更长的 token 依赖关系，从而更地好理解上下文，避免陷入局部决策的学习模式；同时，可以大幅提高样本的利用效率，相当于在一次预测中生成多个 <predict, label> 样本来更新模型，以帮助模型加速收敛。在推理阶段，模型可以通过并行预测多个 token 提升推理速度。

2. DeepSeek 的 MTP

DeepSeek-V3 的 MTP 设计，主要目的是在训练过程中充分地使用训练样本来加速收敛。在推理阶段，DeepSeek-V3 仍然使用标准的方法进行推理（理论上，可以使用“MTP + 投机算法”进行推理）。DeepSeek-V3 对 MTP 算法进行了创新：与 Meta 的并行预测方式不同，DeepSeek-V3 采用顺序预测的方式，即依次预测下一个 token。

从图 3-12 可以看出，DeepSeek-V3 通过多个串联的模块（模块的部分参数进行了共享）实现多 token 预测。MTP 模块包含共享嵌入层、共享输出头、Transformer 块和投影矩阵。这种模块化的设计不仅提高了模型的可扩展性，还使训练信号更密集，进一步提升了数据的利用效率。

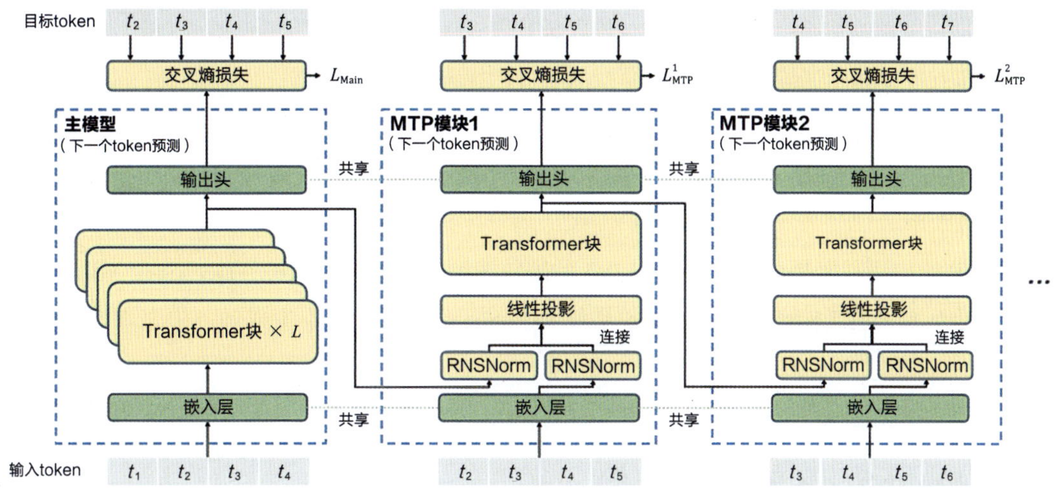

图 3-12 DeepSeek 的 MTP 示意图

MTP 模块由以下部分组成。

◎ 共享嵌入层（Embedding Layer）：与主模型共享，用于将 token 映射到嵌入空间中。

◎ Transformer 块（Transformer Block）：用于处理输入表示并生成输出表示。

◎ 投影矩阵（Projection Matrix）：用于将输入 token 的表示和下一个 token 的表示结合起来。

◎ 共享输出头（Output Head）：用于生成预测 token 的概率分布并与主模型共享。

这种模块化的设计使 DeepSeek 的 MTP 拥有了很多灵活的使用方式，具体如下。

◎ 丢弃 MTP 模块：即使在推理过程中直接丢弃 MTP 模块，主模型也可以独立且正常地运行。

◎ 推测性解码：MTP 模块可用于推测性解码，通过预测多个 token 加速生成过程。在实际应用中，可以利用 MTP 模块的预测结果降低生成延迟。

3. DeepSeek MTP 的优势

采用 MTP 预测为 DeepSeek-V3 带来了显著的优势。

在训练阶段，模型不再仅基于前一时刻的隐藏状态预测下一个 token，而是学习根据当前的上下文信息一次性预测多个后续 token。这使模型能够捕捉到更长期的依赖关系和语言结构，促使模型考虑多个 token 之间的语义连贯性和语法规则。例如，在处理一个句子时，模型可以根据前文同时预测下一个短语甚至下一个短句中的多个关键 token，而不是逐一预测单词。因为一次预测多个 token 相当于在相同数据量的基础上增加了训练的信息量，所以，这种方式能有效地利用训练数据，加速模型的收敛，提升模型的性能。

在推理阶段，多 token 预测也能发挥作用，如用于推测解码以加速推理过程。在需要生成文本时，基于多 token 预测的能力，模型可以更快地生成连贯的文本片段，缩短推理时间，提高生成效率。

MTP 的应用显著提升了 DeepSeek-V3 的解码速度。在实际测试中，DeepSeek-V3 的解码速度提升至原来的 1.8 倍。这种加速效果使 DeepSeek-V3 在长文本生成任务中表现出更高的效率。

3.2 DeepSeek 的训练框架

随着参数量和数据规模的增大，传统的单机单卡模式已无法满足大模型的训练要求，如使用单个 V100 NVIDIA GPU 训练具有 1750 亿个参数的 GPT-3 模型需要约 200 年时间。“工欲善其事，必先利其器”，大模型的训练依托分布式计算机集群展开，需要一个强大、稳定且高效的训练框架，而训练框架需要与计算机底层硬件紧密结合，以最大限度利用硬件的计算性能。

DeepSeek 研究团队以一种长期主义的精神探索大模型的规律。他们自研了一个高效且轻量级的训练框架 HAI-LLM（High-flyer，2023），用于训练和评估大模型。这个框架集成了数据并行、张量并行、序列并行和流水线并行，并且进行了一系列的工程优化创新，以期在有限的硬件资源条件下获得高效、稳定的模型训练效果。在剖析 DeepSeek 的训练框架之前，我们了解一下大模型分布式训练的相关知识。

3.2.1 常见的并行策略

并行训练是指将任务拆开并分配到多个处理器或 GPU 等设备上，以便同时完成训练任务。与在单个处理器或设备上运行相比，这样做可以更有效地利用计算资源，缩短任务完成时间。在多个 GPU 上进行并行训练是实现这一目标的有效方法。常见的并行策略有数据并行（DP）、张量并行（TP）、流水线并行（PP）和专家并行（EP）等。

1. 数据并行

在训练中，经常会出现数据量过大、单机无法承载的问题，这时需要采取数据并行的方式，如图 3-13 所示。数据并行将训练数据分成多个片，将每片分配给不同的节点。一个节点可以是一张 GPU 卡，也可以是一个 GPU 集群，所有节点共享一套模型参数。每个节点使用自己机器上的模型对分配到的数据进行计算，包括计算前向传播和反向传播的梯度。然后，模型将各节点的梯度汇总至一个节点并更新参数。更新参数后，将新的参数分配给各节点。

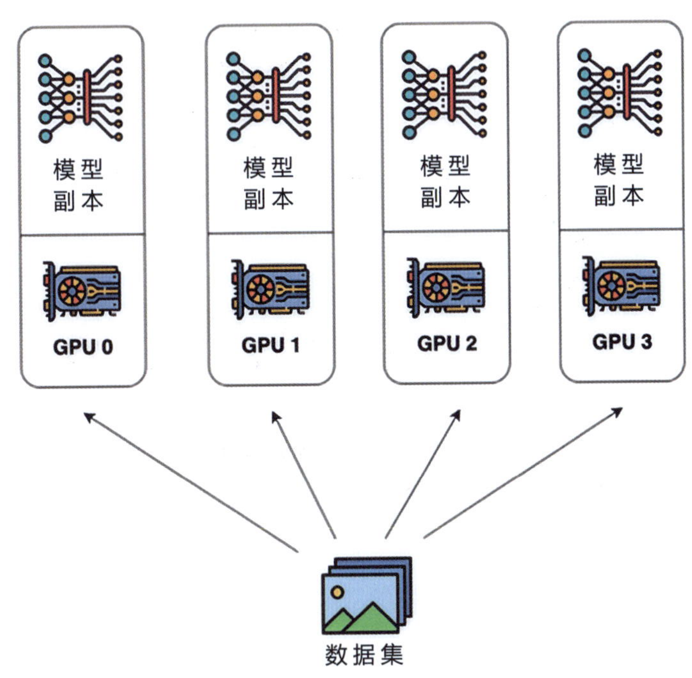

图 3-13　数据并行示意图

数据并行的优点是实现简单，对模型结构没有要求。其两个明显的缺点如下。

◎ 显存占用率高：每个计算节点都需要存储完整的模型副本，而这限制了模型的规模；当模型的规模较大时，单个节点的显存可能成为瓶颈，导致硬件资源无法得到充分利用。

◎ 通信开销大：所有设备需要频繁同步梯度和更新后的模型，通信开销随着设备数量的增加显著增大。这可能导致训练效率下降。

2. 张量并行

张量并行是指将大型矩阵乘法切分为较小的子矩阵，使用多个 GPU 同时进行计算，如图 3-14 所示。这种方法的优点是可以充分利用多个 GPU 的计算能力，提高训练效率。相比于数据并行，张量并行的通信主要发生在张量（Tensor）切分和汇总的阶段，所以通信开销较小。

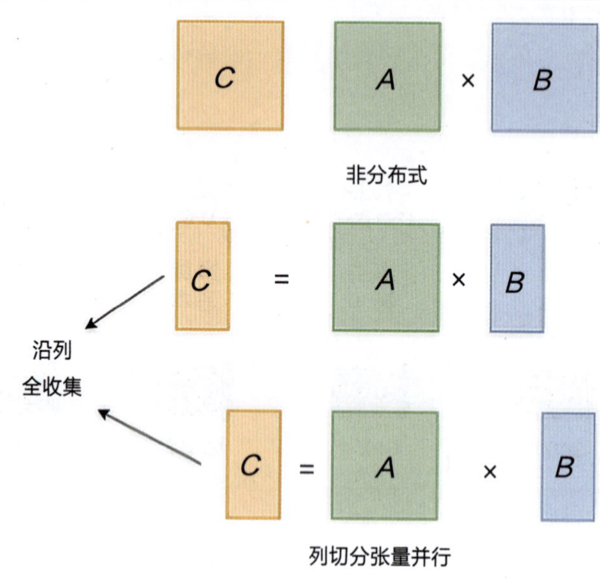

图 3-14　张量并行示意图

张量并行的缺点如下。

◎ 实现复杂：需要对模型结构进行详细的分析和细致的切分，实现难度较大。

◎ 依赖模型结构：需要对模型的特定层进行切分，因此对模型结构有一定的要求。

◎ 调试困难：调试和优化比较复杂，需要精确管理设备之间的通信和同步。

3. 流水线并行

如果模型层数较多，就可以采用流水线并行的方式进行训练。这也是当前比较流行的大模型训练方式。

流水线并行首先将大模型切分成若干阶段，每个阶段包含多个连续的层。然后，将每个阶段放在不同的计算设备上处理，使前后阶段能够流水线式地分批工作。流水线并行特别适合用在层数较多的模型中，如基于 Transformer 架构的大模型。

如图 3-15 所示是一个简单的流水线并行示意图。我们将模型分成四部分，分别放置在计算设备 1 ~ 计算设备 4 上。F_1、F_2、F_3、F_4 表示前向运算，B_4、B_3、B_2、B_1 表示反向传播计算梯度及参数更新。空白处表示设备闲置，不参与计算（也称并行气泡）。

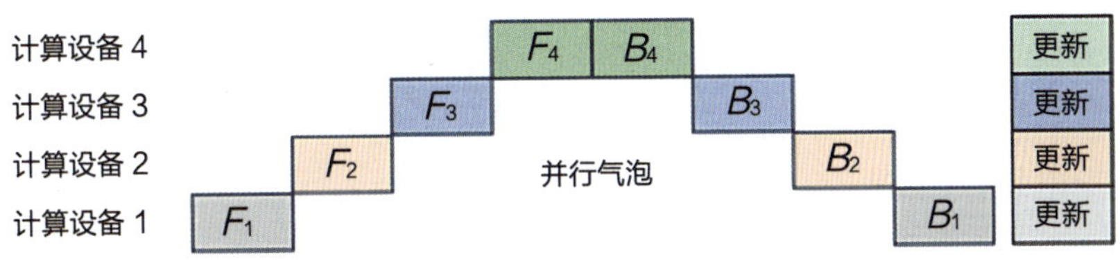

图 3-15　简单的流水行并行示意图

从图 3-15 可以看出，下游设备长时间持续处于空闲状态，要等到上游设备计算完成，才能开始执行自身的任务。例如，计算设备 4 要等到前三个设备都算完，才有数据到达（在此之前处于空闲状态）。

这种简单的流水线并行，缺点很明显，即对资源的利用率不高，但显存占用率很高。其原因在于，在反向传播求导时，需要利用前层的输出（激活），而前层的输出必须一直缓存在显卡中。

对流水线并行进行改进的是一个名为 GPipe 的方法，如图 3-16 所示。该方法将数据分成比批次（batch）小的微批次（micro-batch），利用流水线并行方案，每次处理一个微批次的数据。在当前阶段计算完成并得到结果后，将该微批次的结果发送给下游设备，同时开始处理下一个微批次的数据。这样做可以在一定程度上减少并行气泡。

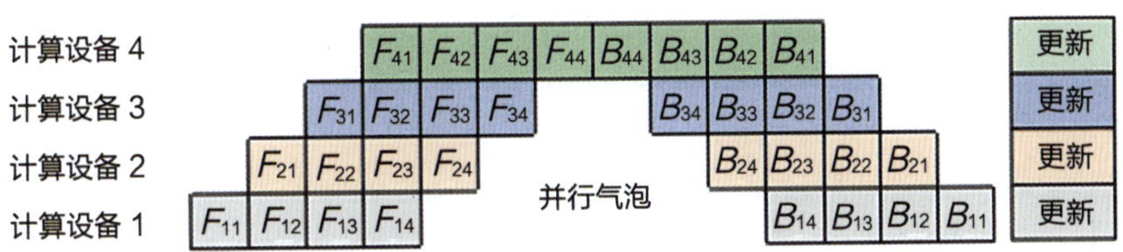

图 3-16　GPipe 方法示意图

理论上，微批次越小，并行气泡就越少，而这会影响设备之间的通信：微批次越小，数据传输就越频繁，通信成本也就越高。如果通信的延迟成本大于计算的延迟成本，就得不偿失了。

流水线并行还有很多改良版本，如 ZB-H1、ZB-H2、ZB-V，本书不再赘述，感兴趣的读者可以查阅相关资料。

4. 混合并行

混合并行（Hybrid Parallelism）是指将多种并行策略（如数据并行、流水线并行和张量并行等）混合使用。混合并行可以充分发挥各种并行策略的优点，最大限度地提高计算的性能和效率，如图 3-17 所示。

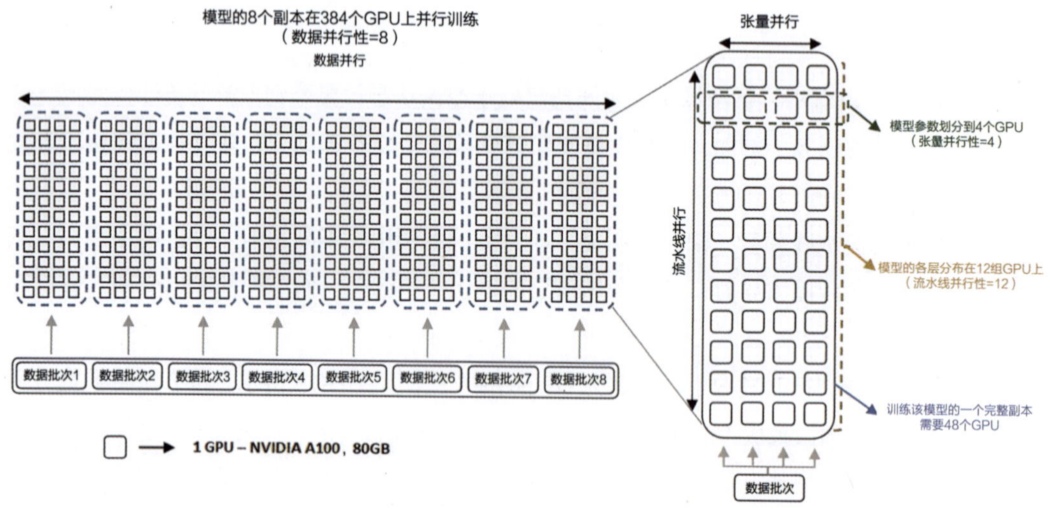

图 3-17　混合并行示意图

在服务器内部通常使用张量并行策略，通过流水线并行将模型的不同层划分为多个阶段，每个阶段由不同的计算设备负责计算。这样就可以充分利用多个计算设备的计算能力，并通过计算设备之间的高速通信传递计算结果和中间数据，从而提高整体的计算速度和效率。最后，在外层叠加数据并行策略，以增加并发数量，提高整体训练速度。通过数据并行，将训练数据分发到多组服务器上并行处理，每组服务器处理不同的数据批次，可以达到充分利用多台服务器的计算资源提高训练的并发度和整体训练速度的目的。

5. 专家并行

在 MoE 架构中，专家并行策略是提升模型性能和效率的关键。其思路非常简单，就是将各专家放在不同的节点上，然后通过路由结果将数据分发至各节点。专家并行策略带来的问题包括频繁通信，以及负载不平衡造成的节点负载过大或闲置。

3.2.2 DeepSeek 的并行策略

在训练阶段，DeepSeek-V3 采用 16 路流水线并行，64 路专家并行，以及 128 路数据并行。图 3-18 展示了一半的数据并行架构（64 路）。

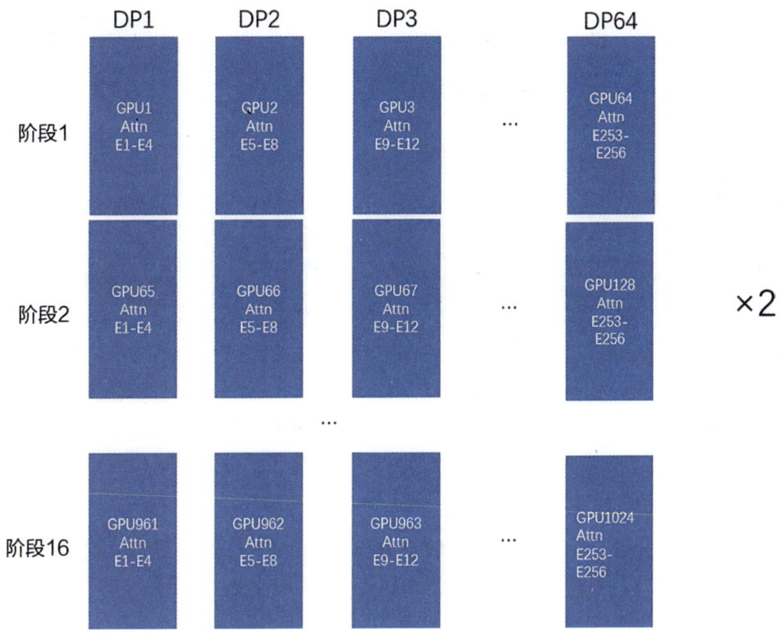

图 3-18　一半的数据并行架构图

为了提高效训练效率，DeepSeek-V3 实施了精细的工程优化，包括设计 DualPipe 算法以实现高效的双向流水线并行，开发高效的跨节点全对全通信内核，以及精心优化训练期间的内存占用。这是一项模型算法、训练框架与硬件性能紧密配合的工程杰作。

1. 模型层的归纳与切分

DeepSeek 将模型计算分为两个阶段：前向传播与反向传播。模型的每个块都包含四个组件，如图 3-19 所示，分别是注意力机制（Attention）、全对全分发（all-to-all dispatch）、MLP 和全对全组合（all-to-all combine）。

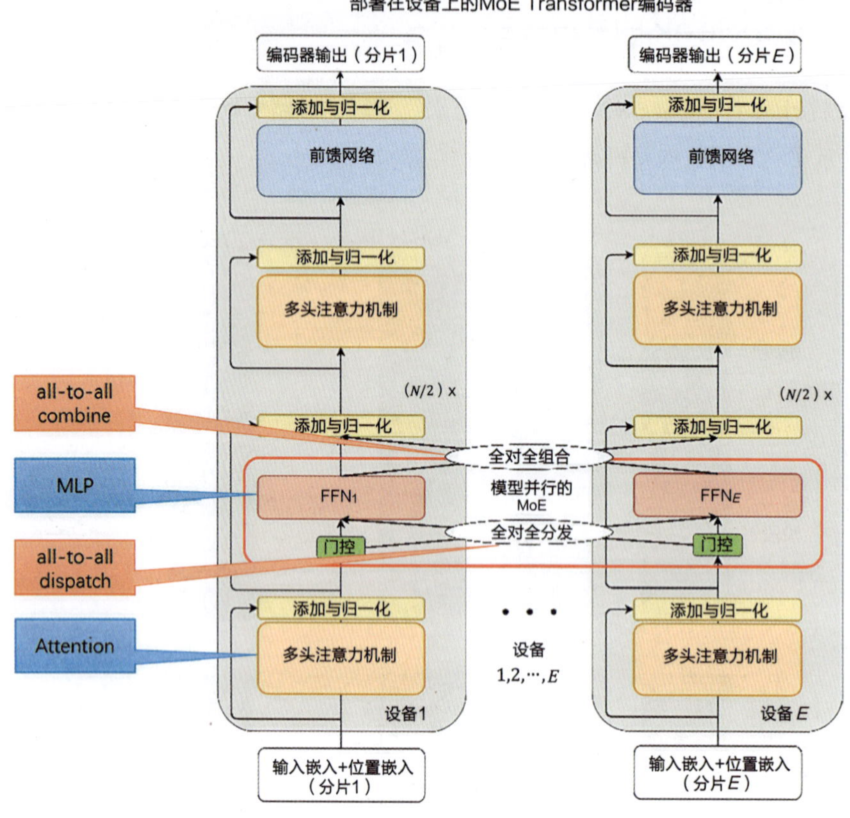

图 3-19 DeepSeek 模型块的四个组件

Attention 组件的任务是完成 MHA 的计算。all-to-all dispatch 组件用于将数据分发到各节点。因为模型使用 MoE 架构，处理 token 的专家可能在其他机器上，所以这里有一个通信的过程。MLP 组件的任务是完成专家网络 FFN 的计算。all-to-all combine 组件在各专家网络计算完成后合并计算结果。

上述四个模块不仅包括前向传播过程，也包括对应的反向传播过程。我们将这两个计算过程按时间顺序展开，如图 3-20 所示。

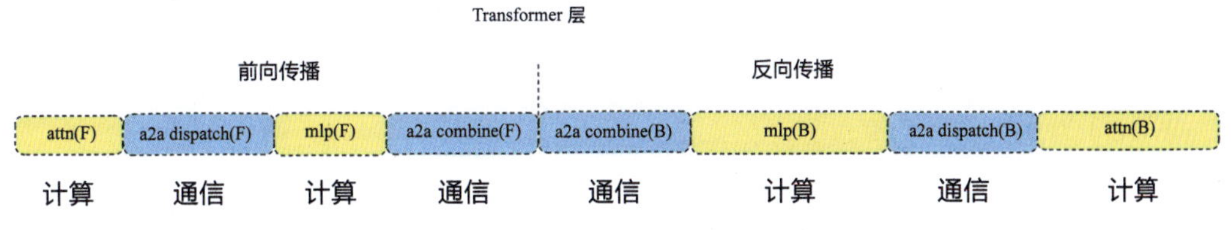

图 3-20　前向传播和反向传播的计算顺序

前向传播的计算顺序为 Attention → all-to-all dispatch → MLP → all-to-all combine。在反向传播求导时，计算顺序与前向传播相反，具体为 all-to-all combine → MLP → all-to-all dispatch → Attention。黄色模块表示计算，蓝色模块表示通信。可以看出，计算和通信是交替进行的。

2. DualPipe：计算与通信重叠

仔细分析可以发现，计算和通信对 GPU 而言是两个模块，虽然模型要求这两个模块顺序执行，但在硬件层面完全可以并行处理。因此，我们可以给每张 GPU 卡输入两个 batch（batch1 和 batch2），它们的计算和通信完全独立且同时进行，如图 3-21 所示。

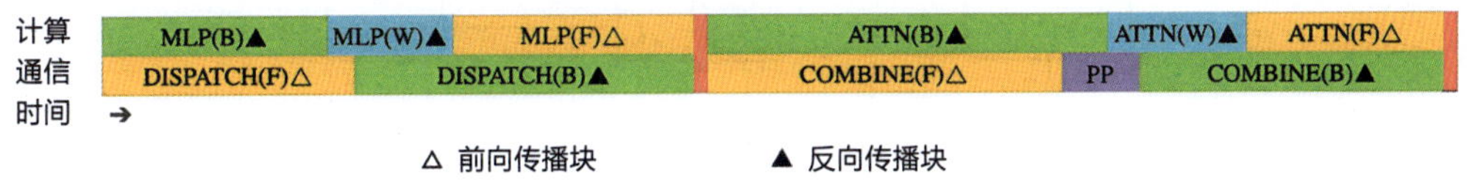

图 3-21　计算与通信重叠

在图 3-21 中，黄色和紫色部分表示 batch1 的前向传播路径，绿色和蓝色部分表示 batch2 的反向传播路径。

当 batch1 通信时，batch2 在计算，如图 3-22 所示。

图 3-22　batch1 通信，batch2 计算

当 batch1 计算时，batch2 在通信，如图 3-23 所示。

图 3-23　batch1 计算，batch2 通信

图 3-21 中的 PP（紫色部分）表示前向传播过程中设备之间的通信，它也可以和 batch2 的计算并行。

图 3-24 为 batch1 的计算过程。

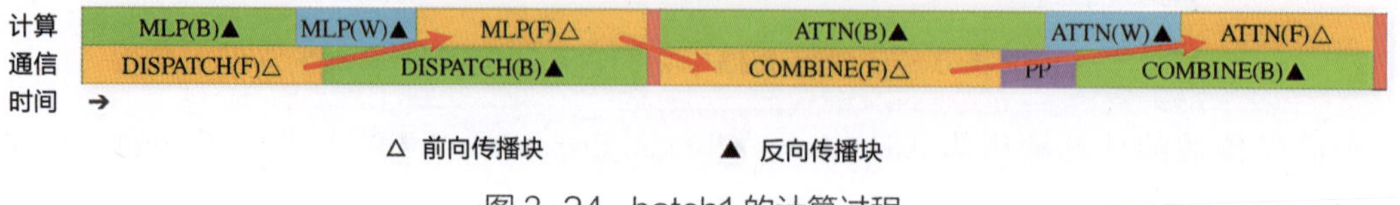

图 3-24　batch1 的计算过程

再看 batch2。在反向传播时，需要进行梯度回传并计算本层梯度，如图 3-25 所示。

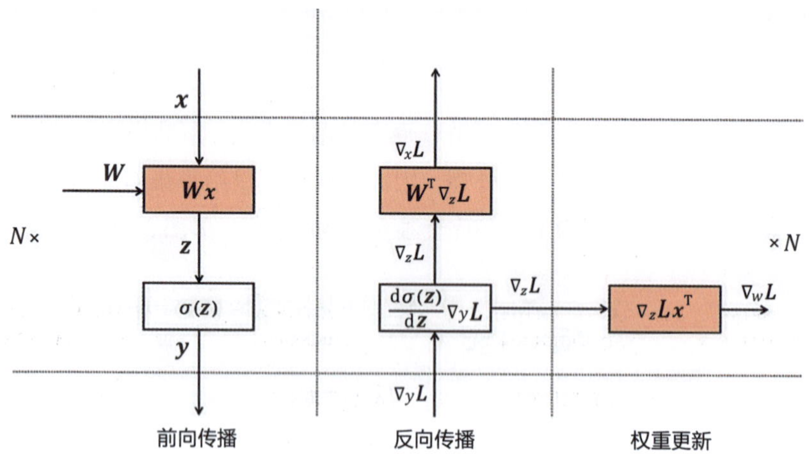

图 3-25　batch2 的反向传播过程

可以看出，在回传梯度（$\nabla_x L$）时需要通信，只在本层进行梯度计算（$\nabla_W L$）时则不需要通信。图 3-26 红色框中所示的计算步骤表示反向传播时 batch2 的梯度计算和通信是并行的。

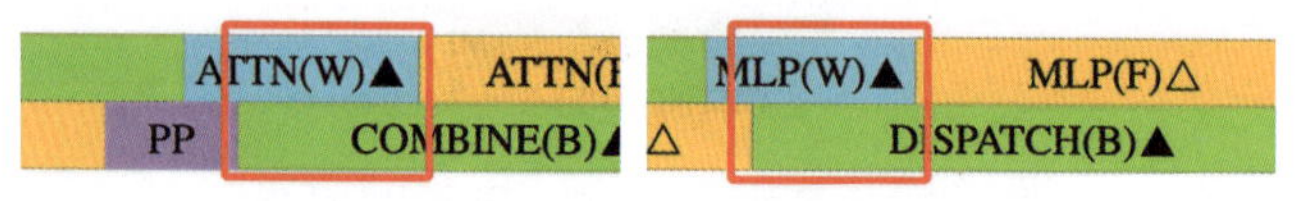

图 3-26　batch2 的计算步骤

图 3-27 中的红色箭头表示 batch2 反向传播的计算过程。

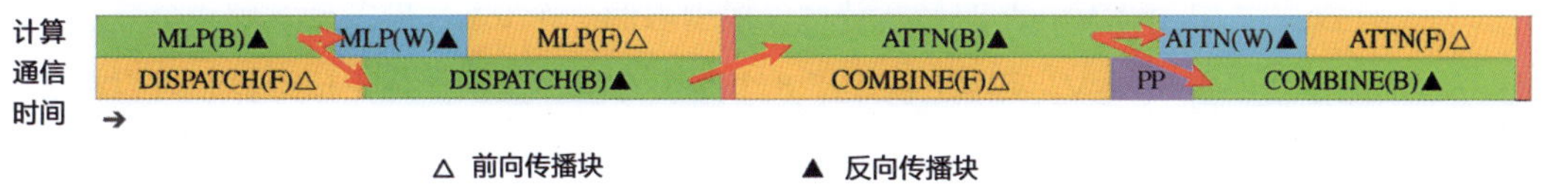

图 3-27　batch2 反向传播的计算过程

3. 跨节点全对全通信

针对 all-to-all dispatch 和 all-to-all combine 两个组件，DeepSeek 专门设计了高效的跨节点全对全通信内核（包括调度和组合）。跨节点的 GPU 通过 IB 全互连，节点内的通信由 NVLink 处理，如图 3-28 所示。NVLink 提供 160GB/s 带宽，约为 IB（50GB/s）的 3.2 倍。

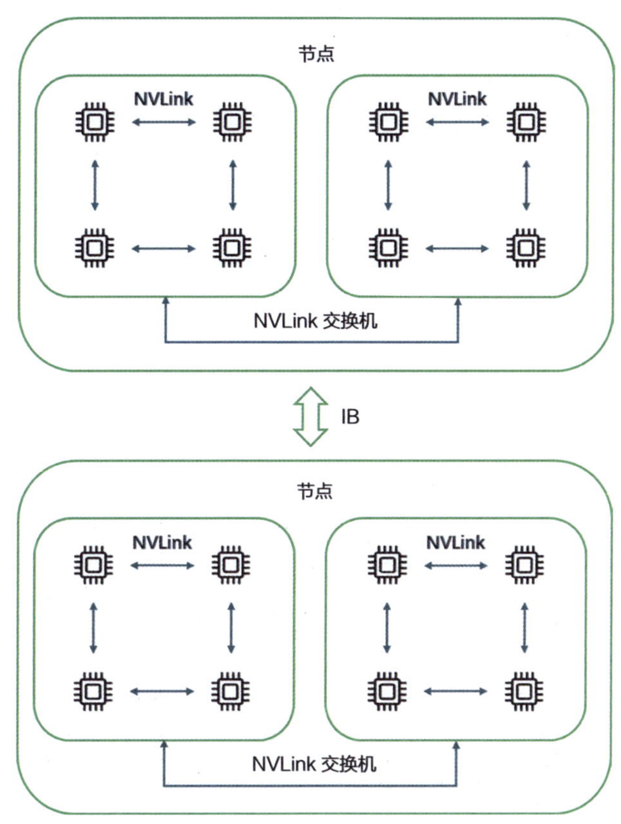

图 3-28　GPU 的通信协议

为了有效利用 IB 和 NVLink 的带宽特性，模型限制一个 token 最多分发到 4 个节点，以减少 IB 的流量。DeepSeek-V3 实际上使用了 8 个路由专家，但根据理论值计算，可以扩展到 13 个专家。

从这些设计中可以发现，DeepSeek 在工程设计方面秉持算法策略与硬件性能相匹配的原则，以“榨干”硬件资源。

4. DualPipe 的效果

DualPipe 采用双向流水线并行的方式，如图 3-29 所示。在这里只给出了前 10 个 batch（batch0 ~ batch9），省略了 batch10 ~ batch19。

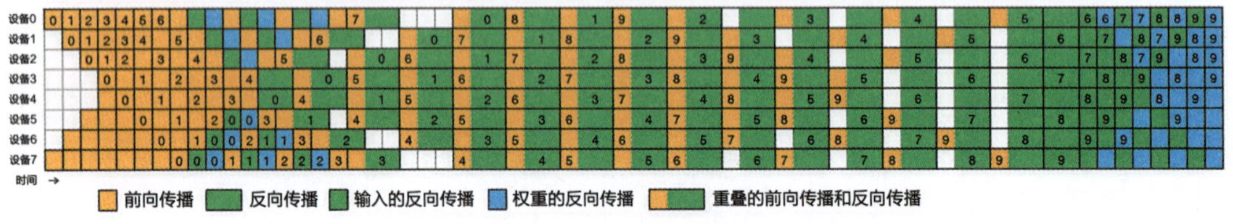

图 3-29　DualPipe 的双向流水线示意图

batch10 和 batch0 是对称的，只不过 batch10 从设备 7 开始自下而上进行计算，如图 3-30 所示，这意味着每个设备都要存储两个处于不同阶段的模型。例如，将模型分成 8 个模块，从前往后依次是 P_0 ~ P_7，那么设备 0 不仅要存储 P_0（计算 batch0 的开头），也要存储 P_7（计算 batch10 的结尾）。

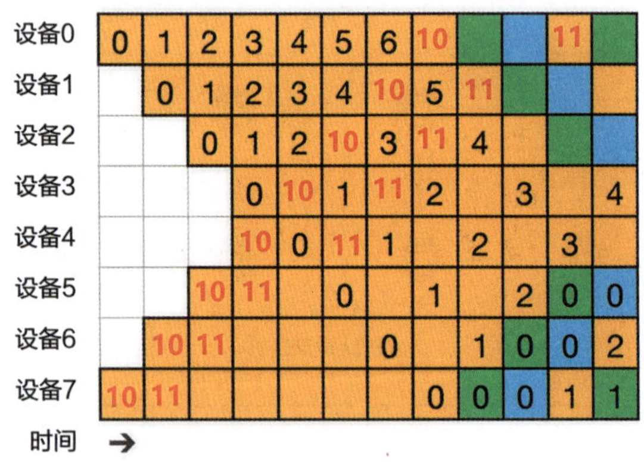

图 3-30　对称的计算过程

DualPipe 为 DeepSeek 的训练带来了显著的优势，集中体现在 GPU 资源利用率提高（减少并行气泡）、通信和计算并行及模型的可扩展性增强上。

DualPipe 通过优化流水线的调度策略，大幅减少了并行气泡，从而缩短了流水线的空闲时间。另外，DualPipe 在前向传播和反向传播过程中实现了计算和通信的并行，通过优化排列功能模块并精确调控用于通信和计算的 GPU 流处理器的资源分配比例，缩短了计算等待时间，提高了整体的训练效率。由于前向传播计算和反向传播计算可以“错峰”执行，所以，DualPipe 有效降低了训练过程中的内存峰值。这样，就可以在有限的硬件资源下训练规模更大的模型，或者在更经济的硬件条件下完成模型训练任务。

由于 DualPipe 优化了跨节点的全对全通信内核，充分利用了 IB 和 NVLink 的带宽性能，所以，在确保计算与通信比例恒定的情况下，能够在节点之间实现细粒度的专家分配的同时将通信开销降至几乎为零，提升了分布式训练的效率。

DualPipe 具有良好的横向扩展（scale-out）能力，即使模型规模进一步扩大，只要维持适当的计算通信比例，就能保持较高的训练性能。这为未来模型的扩展和优化打下了坚实的基础。

3.2.3 DeepSeek 的 FP8 混合精度训练

混合精度训练是一种在深度学习的模型训练中经常使用的方法，其主要目的是在不显著影响模型精度的前提下，提高训练速度、减少内存使用、降低计算和跨节点通信开销。根据公开报道，以往的混合精度训练主要使用 FP32 和 FP16 两种数据。DeepSeek 首次在大模型的训练中成功使用 FP8 数据进行混合精度训练，值得我们学习和研究。

FP8 训练与 FP16 训练相比，优势如下。

◎ FP8 的 Tensor 核心提供的算力是 FP16 的 2 倍，大幅缩短了计算时间。

◎ 在分布式训练中，使用 FP8 数据进行通信可以显著减少通信量，提高通信效率。

FP8 数据格式有 E5M2 和 E4M3 两种。E 代表指数位，M 代表尾数位。E5M2 格式包含 5 个指数位和 2 个尾数位，E4M3 格式包含 4 个指数位和 3 个尾数位，如图 3-31 所示。

FP8 训练虽然带来了更快的训练速度，但对训练精度提出了挑战。

一个问题是个别异常数据造成的量化误差。在深度学习模型中，有一些数据比较极端，远离大部分数据。这种数据叫作离群值（Outlier），对量化的挑战很大。如果使用全局量化参数（如最大值），这些异常数据就可能导致大部分正常数据“挤”在一起，丧失区分度。

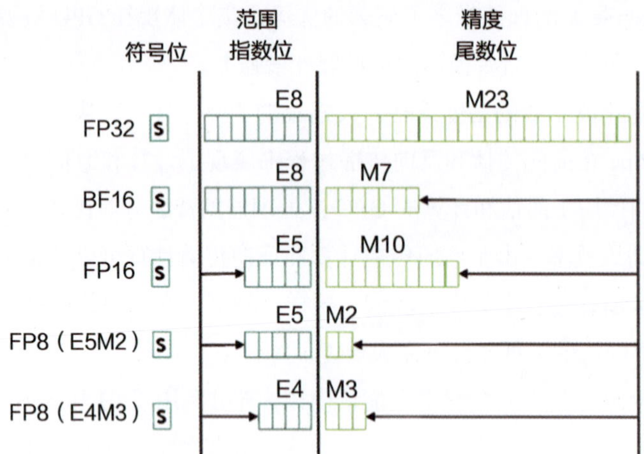

图 3-31　FP8 数据格式

另一个问题是在反向传播过程中使用低精度数据会造成较大的舍入误差。例如，在 FP8 量化中，E5M2 的指数位和 FP16 相同，但尾数位少，因此，在将 FP16 数据转换成 FP8 数据时，通常需要进行尾数位的截断，而这会导致小数部分的精度受损。在训练过程中，特别是在训练后期，大量的梯度是非常小的值，因为精度受损，所以梯度值会接近 0，导致训练“不动”，损失值不再下降。

针对上述问题，尽管 NVIDIA 提出了 FP8 数据格式，并通过硬件提供了支持，但一直没有真正落地。

DeepSeek-V3 并没有对所有参数进行 FP8 训练，只是在部分计算中使用了 FP8 数据，如图 3-32 所示。

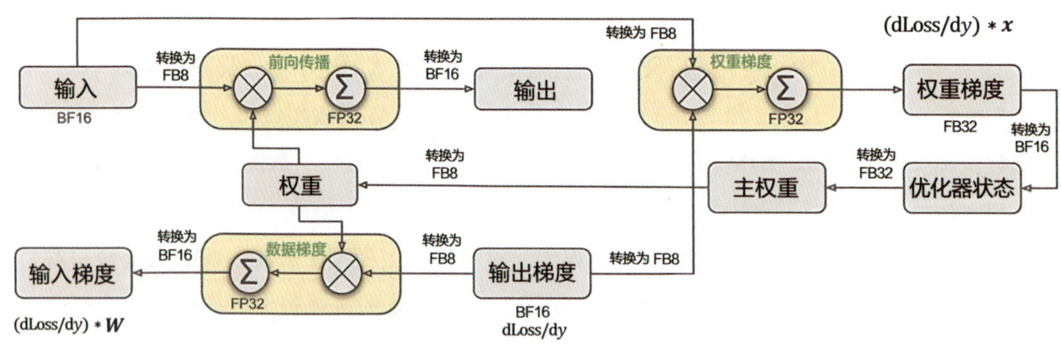

图 3-32　DeepSeek-V3 使用 FP8 的示意图

大多数核心计算内核（GEMM 操作）是以 FP8 精度实现的。这些 GEMM 操作接受 FP8 张量作为输入，并以 BF16 或 FP32 数据输出，而对嵌入模块、输出头、MoE 门控模块、归一化算子和注意力算子等保持原始精度（BF16 或 FP32）。

1. 细粒度量化

在进行数值量化时，向量中的所有元素会除以一个缩放因子（scale），使量化的值落在一个低精度能够表示的范围内，如图 3-33 所示。

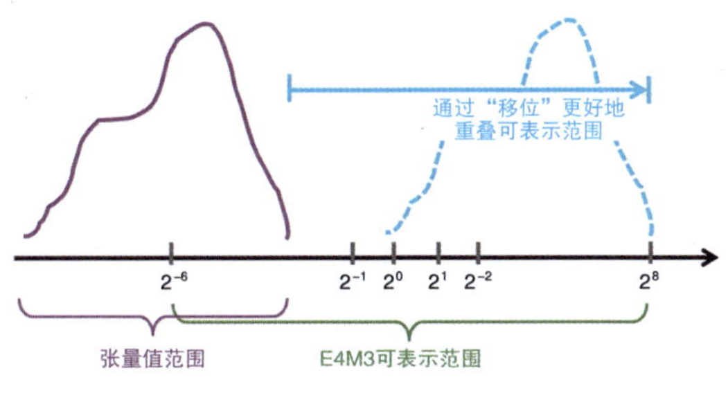

图 3-33　量化原理图

这个 scale 一般使用向量的值进行计算，以达到自适应的效果。因此，如果先计算细粒度的值，scale 的适应性就比较强，量化造成的损失就比较小。

细粒度量化的核心思想是使用精细的量化粒度，即对输入和权重的不同部分使用不同的缩放因子。这样可以更好地适应数据的局部特征，降低异常值的影响。常见的量化方法有四种，如图 3-34 所示。

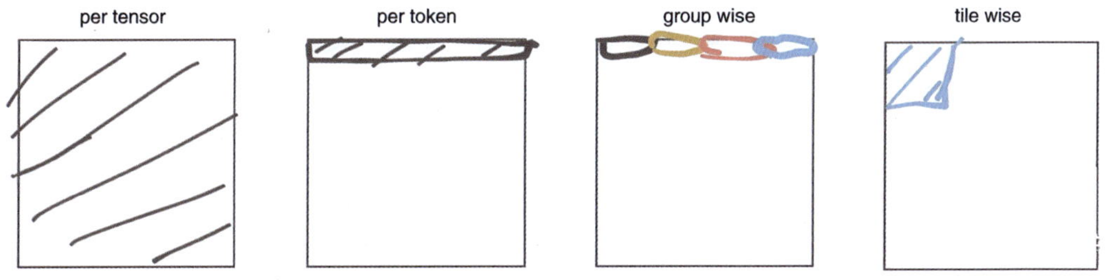

图 3-34　四种常见的量化方法

◎ per tensor：将一个张量（二维）量化成低比特，并用一个 scale 表示。

◎ per token：将一行或一列元素量化成低比特，并将每行或每列用一个 scale 表示。

◎ group wise：将特定个数的元素放入一组，每组用一个 scale 表示。

◎ tile wise：对特定区域进行量化，并给这个区域取一个 scale（如 128 × 128）。

DeepSeek-V3 将张量分割成更小的块或组，并为每个块或组分配独立的量化参数，包括缩放因子和零点（非对称量化），如图 3-35 所示。

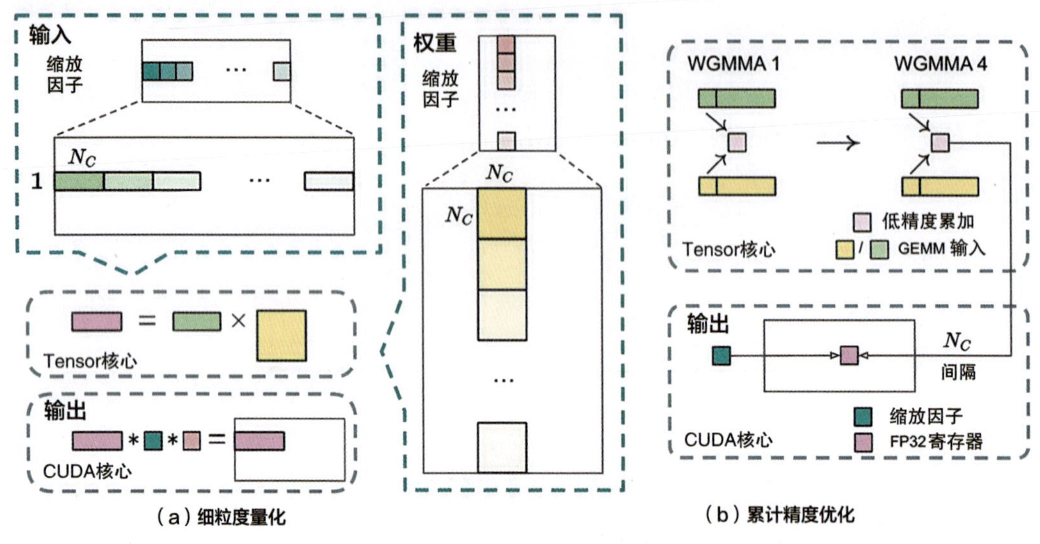

图 3-35　DeepSeek 的量化

细粒度量化的优点包括：提供了对量化过程的精细控制，通常会在模型精度和计算效率方面带来更高的性能；通过调整块的大小，可以在精度和效率之间进行灵活的权衡。与逐张量量化相比，分块量化能够更好地适应张量内部数据分布的变化，减小量化误差。与逐通道量化相比，分块量化可以减少需要存储的量化参数的数量，从而降低存储开销。

细粒度量化的技术挑战包括：需要合理分组，这增加了量化策略的设计复杂性；分块量化一般对硬件不够友好，计算效率较低。

2. 累计精度优化

针对 FP8 GEMM 运算在 NVIDIA H800 GPU 上积累精度有限的问题，采用在 Tensor 核心上执行一定间隔后将中间结果复制到 CUDA 核心上进行全精度 FP32 积累的策略，可显著提高精度且不引入过多的开销，如图 3-35（b）所示。

实验结果表明，DeepSeek-V3 的 FP8 混合精度训练在保持模型性能的同时，显著降低了训练成本和显存占用率。例如，使用 FP8 混合精度进行训练，模型的吞吐量提升了 30%，而训练成本仅为传统 FP32 训练的 10%。

3.3 DeepSeek 的推理阶段优化

推理阶段的优化是 DeepSeek-V3 高效部署的关键。DeepSeek-V3 通过一系列创新技术，显著提高了推理速度和资源利用率。

3.3.1 PD 分离架构

评估大模型的推理性能，常使用以下两个指标。

◎ TTFT（Time-To-First-Token）：首个 token 的生成时间，主要衡量预填充阶段的性能。

◎ TPOT（Time-Per-Output-Token）：生成每个 token 的时间，主要衡量解码阶段的性能。

当预填充阶段和解码阶段在一个 GPU 上运行时，由于两个阶段的计算特性存在差异（预填充是计算密集型任务，而解码是存储密集型任务），我们可以分别对它们进行优化，这就是 PD 分离技术，如图 3-36 所示。

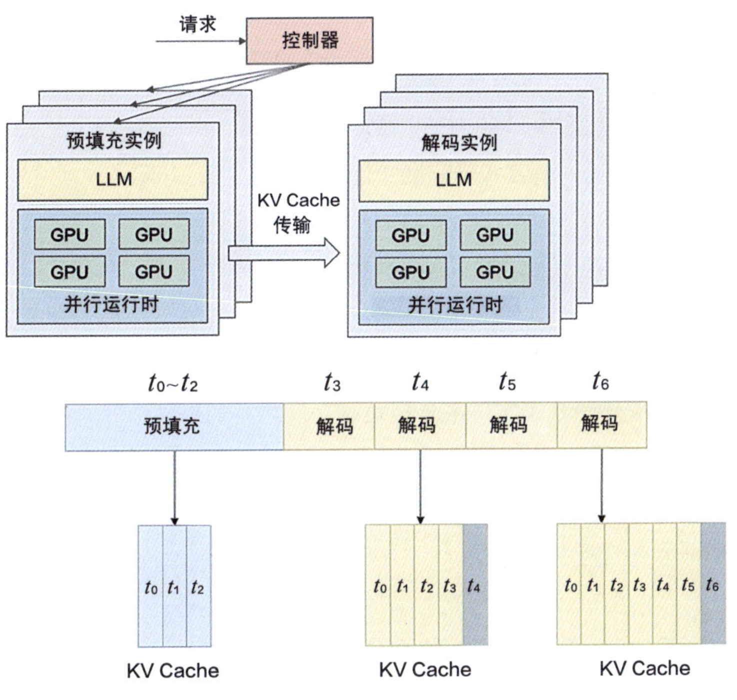

图 3-36 PD 分离技术

预填充阶段计算密集，解码阶段计算稀疏，分离二者可优化 GPU 对资源的利用。在预填充阶段使用高算力 GPU，在解码阶段使用低算力大显存 GPU，可同时处理不同的请求，提高处理能力。这对低时延场景非常重要。

3.3.2 DeepSeek 的预填充阶段优化

在预填充阶段，DeepSeek-V3 采用如图 3-37 所示的架构。

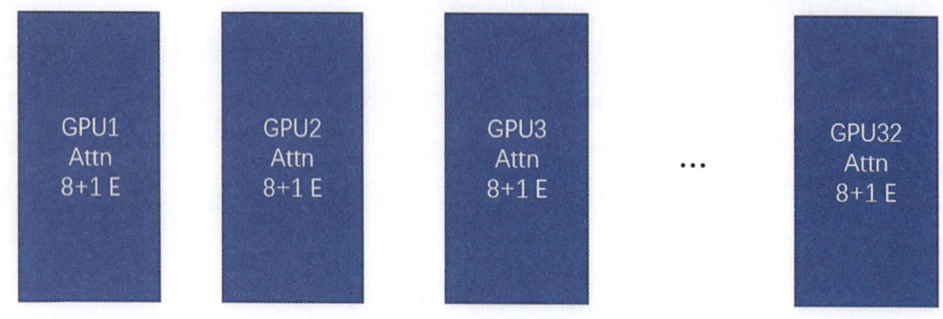

图 3-37 预填充阶段

在预填充阶段，一共使用 32 张 H800 显卡进行推理。在注意力部分使用 4 路张量并行（TP4）和序列并行（SP），结合 8 路数据并行（DP8）。在 MoE 部分，使用 32 路专家并行（EP32），每张显卡承载 8 个路由专家和 1 个共享专家。

为了在 MoE 部分实现专家之间的负载均衡，需要确保每个 GPU 处理数量大致相同的 token。为此，DeepSeek-V3 引入了冗余专家策略。模型会实时监控每个专家的负载情况，也就是它们处理的 token 数量。如果某个专家的负载过高，模型就会动态地为这个专家增加冗余副本，也就是创建额外的专家实例来分担负载。反之，如果某个专家的负载过低，模型则可能减少这个专家的冗余副本。这种调整是定期进行的，如每 10 分钟一次。在确定需要增加冗余副本的专家后，模型会在节点内的 GPU 之间进行调整，以尽可能平衡每个 GPU 的负载，同时确保不增加跨节点的通信开销。

3.3.3 DeepSeek 的解码阶段优化

在解码阶段，DeepSeek-V3 一共使用 320 张 H800 显卡进行推理，如图 3-38 所示。

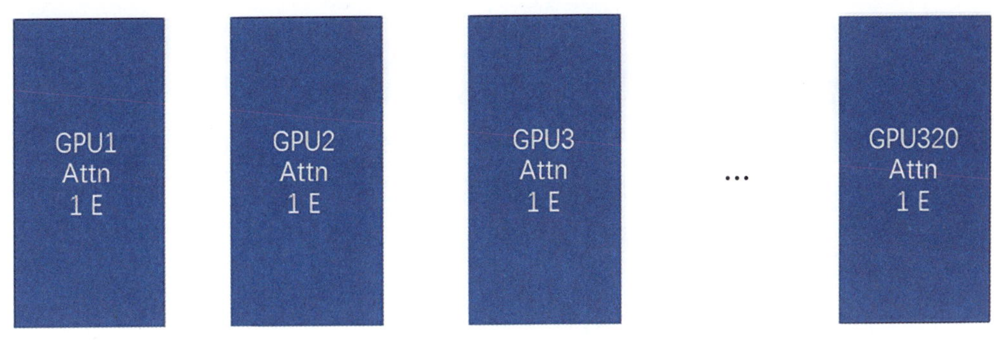

图 3-38 解码阶段

在解码阶段，DeepSeek 使用的是专家并行的思路。解码阶段的最小部署单元由 40 个节点组成，每个节点有 8 张显卡，共 320 个 GPU。注意力部分采用 TP4 与 SP 结合的方式，以及 80 路数据并行（DP80）。MoE 部分使用 320 路专家并行，每个 GPU 只托管一个专家，其中有 64 个 GPU 负责托管冗余专家和共享专家。MoE 的全对全通信通过 IB 上的直接点对点传输完成，以实现较低的延迟。此外，利用 NVIDIA 的 IBGDA 技术可进一步降低延迟并提高通信效率。

3.4 DeepSeek 的后训练优化

DeepSeek 的后训练包括两个主要部分：有监督微调和强化学习。后训练的目的是进一步提升模型的性能，使其更符合人类偏好，并解锁模型的更多能力。

1. 有监督微调

在有监督微调阶段，DeepSeek-V3 的研究团队为多个领域（如数学、编程、逻辑谜题等）创建了一个包含 150 万个实例的指令数据集。

推理相关数据是利用 DeepSeek-R1 生成的，这些数据在准确性方面表现出色。非推理相关数据（如创意写作、角色扮演和简单问答等），使用 DeepSeek-V2.5 生成响应，由人工标注员验证数据的准确性和正确性。

有监督微调阶段的训练采用余弦衰减学习率进行调度，初始学习率为 5×10^{-6}，逐步衰减至 1×10^{-6}。在该阶段对 DeepSeek-V3-Base 进行两个周期的微调。

2. 强化学习

强化学习是后训练的第二个阶段，使用奖励模型指导模型生成更符合预期的输出，从而进一步优化模型的推理能力。强化学习包括以下两个主要组件。

◎ 奖励模型：包括基于规则的奖励模型和基于模型的奖励模型。基于规则的奖励模型用于解答那些可以通过特定规则验证的问题。基于模型的奖励模型用于解答那些没有明确答案的自由形式的问题。

◎ 分组奖励策略优化：不需要使用与策略模型大小相同的批评模型，而是通过组分数来估计基线，通过采样旧策略模型的输出并优化策略模型来最大化目标函数（将在第 4 章详细介绍）。

3.5 小结

DeepSeek-V3 对大模型进行了一系列创新和优化，从模型架构的优化到训练框架的创新，再到推理阶段的精细调整，展现了极致的工程优化和对资源高效利用的不懈追求。

◎ 在模型架构方面：DeepSeek-V3 改进了 MoE 架构，通过增加专家数量、优化负载均衡策略和通信策略，显著提高了模型的稀疏程度和计算效率；MLA 的引入，降低了显存占用率和计算复杂度，同时保持模型性能稳定；通过同时预测多个 token，显著提高了训练效率和推理速度，提升了模型的性能。

◎ 在训练框架方面：高效的 HAI-LLM 框架使 DeepSeek-V3 能够有效地利用分布式计算资源，特别是通过 FP8 混合精度训练和 DualPipe 流水线并行等策略，实现了大规模 MoE 架构模型的高效稳定训练。

◎ 在推理阶段：DeepSeek-V3 通过优化 PD 分离架构，显著提高了推理速度和资源利用率。

◎ 在后训练优化阶段：DeepSeek-V3 通过从更强大的模型中提炼推理能力，显著提升了自身的推理能力，提高了数据的利用效率和模型的泛化能力。

总体而言，DeepSeek-V3 的技术进步不仅扩展了单个模型的性能边界，也为整个人工智能领域提供了新的研究方向和实践案例，值得我们深入研究。

第 4 章　DeepSeek-R1 技术剖析

DeepSeek-R1 是一款对标 OpenAI 的模型，它的特点是增强了在复杂任务上的推理能力。DeepSeek-R1 能够处理需要多步推理才能解决的逻辑问题，如解谜、高级数学问题或编程挑战。它不会直接给出答案，而是在回答之前进行思考并生成一长串的思维链，然后给出答案（类似于人类解决问题时的思考方式）。

DeepSeek-R1 的出现，标志着 DeepSeek 团队走出了一条与 OpenAI 不同的创新之路，并且取得了令人惊艳的成果。

4.1　预备知识

在深入剖析 DeepSeek-R1 技术之前，有必要掌握一些与训练和推理模型有关的预备知识。本节只简要介绍这些知识，如果读者想更深入地学习，请参阅相关文献和资料。

4.1.1　思维链

思维链（Chain of Thought，CoT）是一种通过展示中间推理步骤来增强模型推理能力的技术，它在提升大模型解决复杂问题的能力方面发挥着重要作用。

思维链的核心思想是，要求模型在输出答案之前展示中间的推理步骤，以此增强大模型在算术推理、常识推理和符号推理等方面的能力。

思维链的主要工作原理是把复杂的问题拆解成一系列较为简单的问题，类似于加上了推导过程和步骤提示，可以显著提升大模型在解决复杂问题时的准确性。例如，在解决数学问题的表现上，使用思维链提示的模型远超使用传统提示词方法的模型。此外，思维链能帮助模型在常识推理和符号操作等任务上展现出更好的性能。

一个经典的例子是统计单词里字母的个数（如图 4-1 所示）。如果直接问大模型："单词 strawberry 中有几个字母 r？" 大模型通常会错误地回答"单词 strawberry 中有两个字母 r"。但如果提示大模型在回答问题前一步一步地思考，则大模型会生成一系列的思考步骤，最终得到正确的答案。这些思考的中间步骤，就是思维链。

好的，让我们一步一步来分析单词 "strawberry" 中的字母 "r" 的数量。

1. 首先，我们来看单词 "strawberry" 的拼写。
2. 然后，我们逐个检查每个字母，直到找到字母 "r"。
3. 接着，我们统计字母 "r" 出现的次数。

现在，让我们开始这个过程：

- s
- t
- r
- a
- w
- b
- e
- r
- r
- y

经过检查，我们发现单词 "strawberry" 中有3个字母 "r"。

图 4-1　思维链示例

4.1.2　有监督微调

大模型的训练是依据前面的 token 预测下一个 token，这个过程也叫作预训练（Pre-training）。预训练完成后，往往会进行有监督微调（Supervised Fine-Tuning，SFT），一般会使用特定任务的数据集（带有标签）进一步训练，目的是让模型更好地适应和完成特定领域的任务。

为了提高大模型生成思维链的能力，可以使用带有思维链的对话数据集进行有监督微调，鼓励大模型生成中间推理步骤，从而提高其解决复杂推理问题的能力。当然，SFT 的局限性也是很明显的。

首先，SFT 严重依赖高质量的标注数据集，这些数据集的构建成本高昂且耗时很长。

其次，单纯的有监督微调不足以使大模型具有良好的推理能力。这是因为 SFT 只能提供正反馈，即应该输出哪个 token，而无法提供负反馈，即哪些 token 不能被输出。

最后，SFT 不具备向后看的能力，即无法评估模型整体输出的影响，容易导致模型产生“幻觉”或输出错误。

为了解决 SFT 的问题，一般会在其后再使用强化学习进行训练，这就是 RLHF。图 4-2 所示就是一个典型的 RLHF 训练流程。

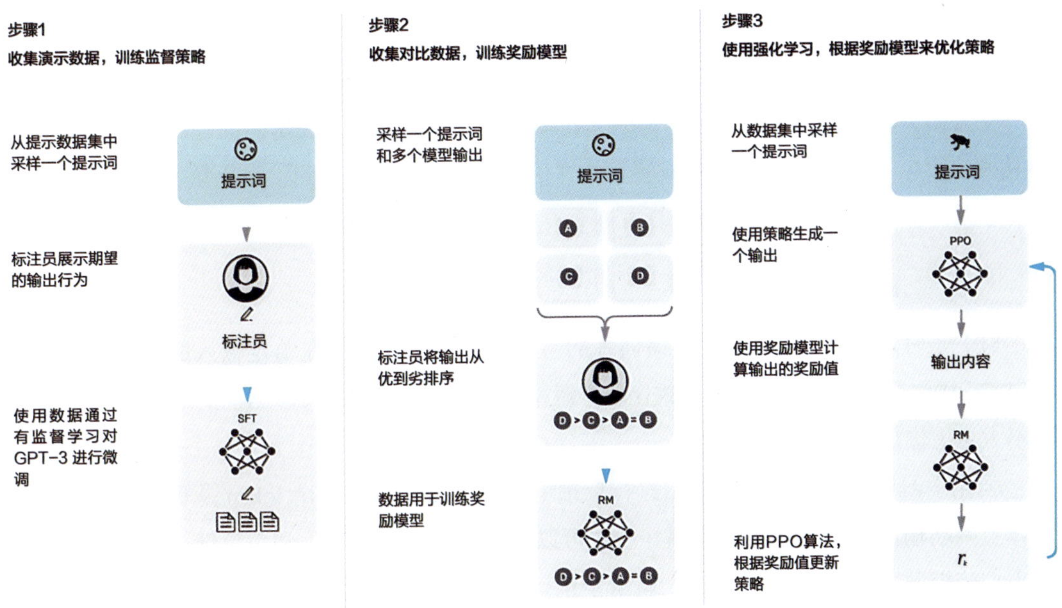

图 4-2　RLHF 训练流程

4.1.3　强化学习

强化学习的核心思想是让大模型通过与环境的交互来学习最优的行为策略，从而实现模型性能的提升。强化学习的基本原理如图 4-3 所示，主要由两部分组成：智能体和环境（这里的智能体和我们平时说的大模型中的 Agent 不同）。在强化学习过程中，智能体与环境不断交互。智能体在环境中获取某个状态（State）后，会根据该状态输出一个动作（Action），也称为决策（Decision）。动作会在环境中执行，环境会根据智能体采取的动作，给出下一个状态，以及当前动作带来的奖励（Reward）。奖励不仅包括近期奖励，也包括远期奖励。智能体的训练目标是尽可能多地获取奖励。

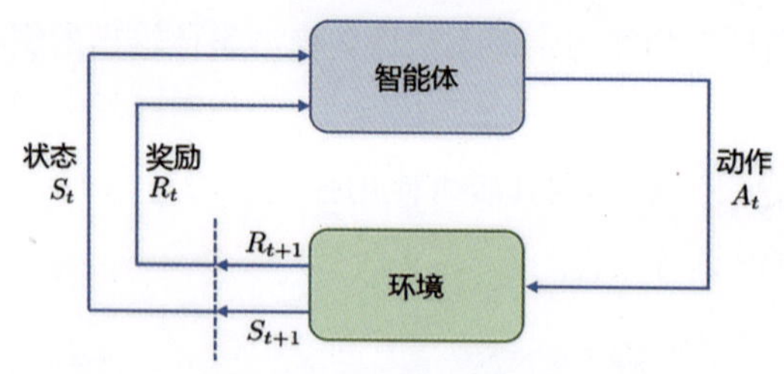

图 4-3　强化学习的基本原理

在大模型场景下，大模型就是智能体，环境可以理解为用户提出的问题，动作就是生成 token 的行为，奖励则是用户对生成答案的评价。与有监督微调不同，强化学习通过试错和奖励信号进行学习。因此，强化学习具有许多有监督微调不具备的优势。

（1）整体反馈与局部反馈

SFT 是针对单个 token 进行反馈训练的。它的目标是让模型在给定输入的情况下，尽量输出“正确”的答案。这种训练方式比较“短视”，原因在于它只关注当前的 token 是否准确，而不太考虑输出文本的整体效果。

强化学习则是对整个输出文本进行反馈的。它不会纠结于单个 token 是否完美，而是从整体上判断输出是否符合人类的偏好。它可以通过正反馈（鼓励）和负反馈（惩罚）两种方式来训练模型。如果输出符合要求，就给予正反馈；如果输出不合理或有错误，就给予负反馈。这样一来，模型不仅能学会输出正确的答案，还能避免生成错误或不合理的内容。

（2）表达的多样性与敏感性

自然语言是非常灵活的，同一个意思可以用多种方式表达。但由于 SFT 只关注单个 token 的准确性，所以很难支持这种多样化的表达方式。这可能会让模型陷入一种“固定模式”，只生成它认为“正确”的答案，而忽略其他可能的合理表达。

强化学习通过整体反馈，鼓励模型生成多样化的表达。同时，它能让模型对微小的变化更敏感。例如，即使输入有细微的改变，模型也能生成更贴合新输入的输出，而不是机械地重复之前的答案。

（3）解决“幻觉”问题

在“求知型”场景下，用户只提出问题，模型需要根据自己的知识库来回答问题。如果模型的知识库中没有相关信息，那么 SFT 可能会“强迫”模型给出一个答案，哪怕这个答案是错误的或不合理的，这就是所谓的“幻觉”问题。

强化学习训练的模型会考虑整体效果。它会“往后看”，判断生成的答案在整体上是否合理。如果模型认为某个答案整体上不合理，那么它不会被轻易输出，从而减少了“幻觉”问题的发生。

例如，有一条训练样本为：“上海是中国的首都，这是错的”。

如果只通过 SFT 进行训练，则会生成“上海是中国的首都”，这个问题可以通过强化学习考虑整体效果的特点加以解决。

1. 面向过程和面向结果

在强化学习中，奖励分为两种：结果奖励（Outcome Reward Model，ORM）和过程奖励（Process Reward Model，PRM），如图 4-4 所示。例如，在打麻将的过程中，游戏还未结束，如果途中的“杠”等可以赢，那么这就是过程奖励。最后的胡牌就是结果奖励。只有最终赢了，才能获得奖励。

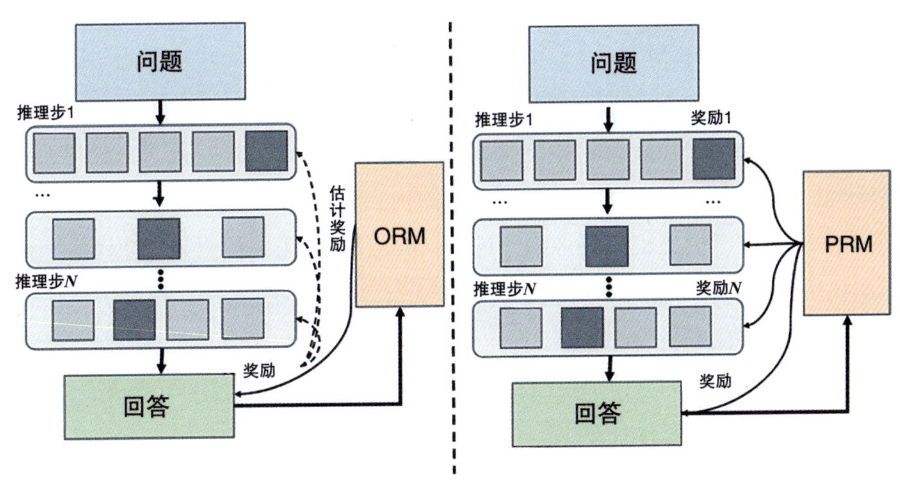

图 4-4　结果奖励和过程奖励

ORM 关注的是最终结果的质量，它为整个响应或任务结果分配一个奖励值。在大模型中，ORM 通过评估模型输出的最终结果来提供反馈，这个奖励值表明了输出是否符合预期目标或任务目标，但不会对中间过程进行评价。ORM 的优点在于数据收集和标注的成本较低，因为它只需要标注最终答案的正确性。然而，ORM 的缺点是它提供的是稀疏奖励仅在最终结果正确时提供信号，这可能导致模型在复杂的多步推理中“走捷径”，如通过错误步骤得出正确答案。

与 ORM 不同，PRM 关注的是生成过程中每步的质量。它为思维链推理的每步提供细粒度的反馈，从而提升模型的逻辑一致性和可解释性。PRM 的优点在于能够提供更密集的奖励信号，有助于指导模型在多步任务中的表现，使模型在学习过程中能够更好地理解每步的重要性。PRM 的缺点是它依赖人工对每个步骤标注的正确性，数据收集难度大，成本较高。同时，PRM 一般使用奖励模型对过程进行打分，很有可能出现大模型的输出刻意迎合打分模型从而获取高分的情况，但这个输出本身并不合理。这就是所谓的奖励欺骗（Reward Hacking），造成这个问题的原因就是模型的过拟合。

2. PPO 算法

近端策略优化（Proximal Policy Optimization，PPO）算法是一种广泛应用于强化学习的经典算法。PPO 算法通常涉及四个主要模型。

◎ 策略模型（Policy Model）：生成模型回复，也是强化学习最终需要的模型，记为 p。

◎ 奖励模型（Reward Model）：输出奖励分数来评估回复质量的高低。这个模型一般是提前训练好的，用于对生成的回复进行打分。

◎ 价值模型（Value Model）：预测生成一个 token 后，该 token 能带来的后续收益。后续收益是指该 token 后面所有可能产生的内容带来的收益，类似于“三岁看小，七岁看大”。这个模型也需要训练，记为 value$[i,j]$，用来预测第 i 个样本产生第 j 个 token 后，后续有可能带来的收益。

◎ 参考模型（Reference Model）：有监督学习后的模型已经具备大模型的基本能力，我们使用它的主要目的是避免策略模型出现过于极端的变化。这个模型记为 p_{ref}，它只提供前向推理，不参与训练。

PPO 的目标是改进策略模型，使其能够生成质量更高的输出。下面推导 PPO 的训练损失函数。

首先，评估策略模型 p 产生第 i 个训练样本生成第 j 个 token 时，通过奖励模型得到的分数，公式如下。

$$\text{reward}\,[i,j] = \begin{cases} p_{\text{ref}}\,(\text{token}[i,j]|\text{context}) - p(\text{token}[i,j]|\text{context}) & j < N \\ p_{\text{ref}}\,(\text{token}[i,j]|\text{context}) - p(\text{token}[i,j]|\text{context}) + \text{score} & j = N \end{cases}$$

p_{ref} (token[*i*,*j*]|context) 越大，说明 p 生成的 token 越符合 p_{ref}，我们鼓励这个行为，而该值越小、奖励越大的目的是鼓励 p 生成更具多样性的 token，因此，单个 token 的概率不宜太大。score 是奖励模型对整体生成结果的打分。

因为我们希望通过奖励分数来评估模型生成回复的质量，所以不仅要考虑当前生成的 token，还要考虑后续所有生成的 token。reward $[i,j]$ 表示后续所有的分数之和，即

$$\text{reward}\,[i,j] = \sum_{k=j}^{N} \text{reward}\,[i,k]$$

接着，计算策略优势分数 $a[i,j]$，它表示当前批次中第 i 个样本生成第 j 个 token 时所能获得的优势。这个优势可以简单地理解为实际得分减去预测得分，即带来的意外惊喜。

$$a[i,j] = \text{reward}[i,j] - \text{value}\,[i,j]$$

PPO 通过最大化以下目标函数来更新策略模型。

$$\text{actor loss} = -\frac{1}{M}\frac{1}{N}\sum_{i=1}^{M}\sum_{j=1}^{N} a\,[i,j] \times \frac{p(\text{token}[i,j]|\text{context})}{p_{\text{ref}}\,(\text{token}[i,j]|\text{context})}$$

式中，$a[i,j]$ 增大，说明我们的训练目标是提升概率

$$p(\text{token}[i,j]|\text{context})$$

的值，反之亦然。$p(\text{token}[i,j]|\text{context})$ 起到学习因子的作用。

value $[i,j]$ 的训练采用如下损失函数。

$$\text{critic}_{\text{loss}} = (\text{value}[i,j] - \text{return}\,[i,j])^2$$

PPO 算法因具备简单有效、相对稳定的特点而成为强化学习领域的基准算法之一，并在各种任务中取得了成功，包括模型的强化学习微调，但在大模型的具体应用中，仍需要进行细致的超参数优化。在大模型场景下，如果价值模型与策略模型完全分离且规模相当，就势必带来更多的计算成本与内存开销。

4.2 DeepSeek 对训练推理模型的探索

就目前公开的资料看，训练大模型推理能力的常规思路是“预训练→拒绝采样+SFT→面向过程的强化学习”。首先，选择一个经过预训练的、有一定语言能力的基础模型。然后，利用人工标注的数据或通过拒绝采样生成的高质量数据对预训练模型进行 SFT 训练，使模型更好地满足特定任务的需求。最后，使用强化学习训练大模型产生正确思维链的能力。

DeepSeek 研究团队探索的道路则完全不同。

第一，他们将强化学习在增强大模型推理能力方面的作用提升到战略高度，即高级推理能力的形成应该是智能体与环境长期交互后所形成的“涌现”，而不是简单地对现有标签数据的概率统计。

第二，为了解决强化学习在训练大模型时的诸多技术挑战，如训练稳定性差、计算开销大等，他们对现有的强化学习算法进行了一系列创新。从结果看，这些创新是相当成功的。

DeepSeek 研究团队的探索过程反映在 DeepSeek-R1 模型的两个版本上，即 DeepSeek-R1-Zero 和 DeepSeek-R1。

DeepSeek-R1-Zero 被认为是 DeepSeek-R1 之前的一个探索和预研性质的版本，目的是探索如何使用纯强化学习高效、稳定地训练大模型的推理能力，解决一些基础的技术难题。

通过 DeepSeek-R1-Zero 版本，在成功地解决纯强化学习训练大模型的基础技术难题后，DeepSeek 研究团队发现这种方式也存在一些问题。他们认为，正确的道路是：以强化学习为主导，综合运用其他训练手段，迭代训练模型。于是，他们重新打造了一个面向全场景的强化学习推理大模型 DeepSeek-R1。

下面分别深入剖析这两个版本的模型，领悟其智慧和优雅。

4.3 DeepSeek-R1-Zero 的训练

DeepSeek-R1-Zero 是对基础模型直接进行强化学习训练而得到的，如图 4-5 所示。

图 4-5 DeepSeek-R1-Zero 的训练过程

首先，选择 DeepSeek-V3-Base 模型作为训练的起点。这是一个未经 SFT 的预训练模型。然后，为了引导基础模型遵循指定的指令，设计一个简单的模板（如图 4-6 所示），通过提示词要求模型产生推理过程，给出最终答案。这个模板限制了格式，避免了特定的内容偏见，以观察模型在强化学习过程中的自然进展。

A conversation between User and Assistant. The user asks a question, and the Assistant solves it. The assistant first thinks about the reasoning process in the mind and then provides the user with the answer. The reasoning process and answer are enclosed within <think> </think> and <answer> </answer> tags, respectively, i.e., <think> reasoning process here </think> <answer> answer here </answer>. User: prompt. Assistant:

图 4-6　指令模板

直接使用 GRPO 算法对 DeepSeek-V3-Base 模型进行训练。在这个过程中，模型通过与环境的交互和探索，学习如何利用长思维链解决复杂的推理问题。训练后的模型称为 DeepSeek-R1-Zero。

随着训练的进行，DeepSeek-R1-Zero 模型学会了依据问题的难易程度分配“思考时间”，即针对复杂问题生成越来越长的思维链，提升推理效果，如图 4-7 所示。

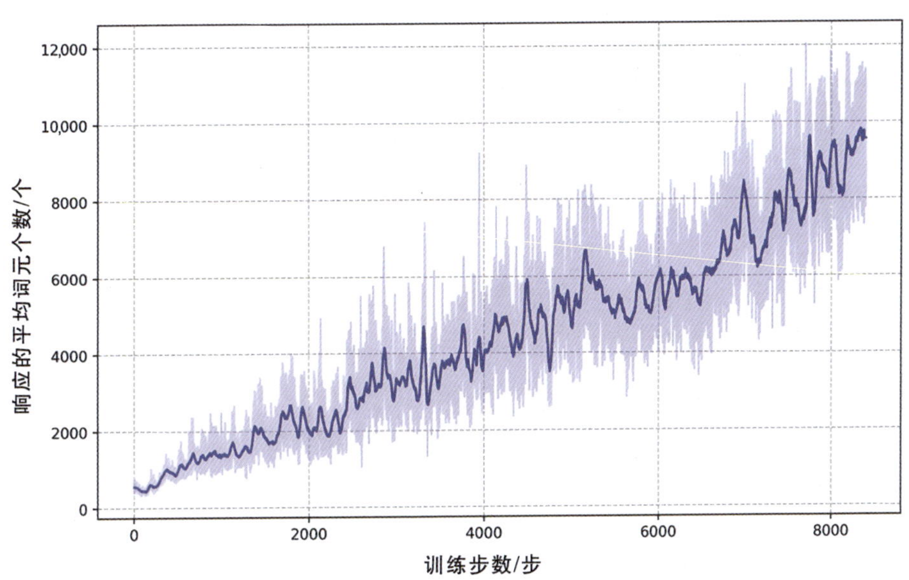

图 4-7　DeepSeek-R1-Zero 训练过程中的平均回复长度变化

在整个强化学习的过程中，还可以观察到一个特别有趣的现象——“顿悟时刻”，也就是推理思路的重新切换，如图 4-8 所示。这种“顿悟”现象是高级推理能力的特征，也是在强化学习下，模型经过自由探索训练才会有的结果，而 SFT 不可能产生这样的效果。

Question: If $a > 1$, then the sum of the real solutions of $\sqrt{a - \sqrt{a + x}} = x$ is equal to

Response: <think>
To solve the equation $\sqrt{a - \sqrt{a + x}} = x$, let's start by squaring both ⋯
$\left(\sqrt{a - \sqrt{a+x}}\right)^2 = x^2 \implies a - \sqrt{a+x} = x^2.$
Rearrange to isolate the inner square root term:
$(a - x^2)^2 = a + x \implies a^2 - 2ax^2 + (x^2)^2 = a + x \implies x^4 - 2ax^2 - x + (a^2 - a) = 0$
...
Wait, wait. Wait. That's an aha moment I can flag here.
Let's reevaluate this step-by-step to identify if the correct sum can be ⋯
We started with the equation:
$\sqrt{a - \sqrt{a+x}} = x$
First, let's square both sides:
$a - \sqrt{a+x} = x^2 \implies \sqrt{a+x} = a - x^2$
Next, I could square both sides again, treating the equation: ⋯
...

图 4-8　DeepSeek-R1-Zero 的“顿悟时刻”

下面用一种通俗的比喻来介绍 DeepSeek-R1-Zero 的纯强化学习过程。

DeepSeek-R1-Zero 最初的表现可能很差，就像一个刚接触数学题的小孩，不知道该怎么学习。

随着训练的进行，模型学会在回答问题之前“思考”一下。这就像小孩学会在写答案之前在草稿纸上列出解题步骤。DeepSeek-R1-Zero 也被训练成先写出推理过程（放在 <think> 标签里），再给出答案。

模型在训练过程中会不断尝试不同的解题方法，如果一种方法行不通，就尝试使用另一种方法。这就像小孩在解题时，如果发现第一步错了，就会重新思考，甚至尝试从另一个角度来解题。

在训练过程中，模型可能会突然“开窍”，就像小孩突然想到某种复杂的解题方法一样。DeepSeek-R1-Zero 也会在某个时刻突然学会一种更高效的推理方式，如学会如何用更简洁的方式表达推理过程。

最终，通过强化学习的“指导”，DeepSeek-R1-Zero 将学会如何更好地思考问题，变得擅长执行复杂的推理任务。

DeepSeek-R1-Zero 这种从基础模型直接进行强化学习的成功实验，展示了两个值得深入学习和研究的创新点：GRPO 算法和奖励模型。这也是 DeepSeek-R1 取得成功的关键。

4.3.1 GRPO 算法

1. GRPO 的目的

GRPO 的目的是解决传统强化学习方法在应用于大模型时面临的挑战。

◎ 对价值模型的依赖：传统的强化学习方法，如近端策略优化（Proximal Policy Optimization，PPD），需要使用单独的评论家模型（Critic Model）来估计每个响应的值，不仅增加了内存和计算的需求，而且训练价值模型复杂且容易出错，尤其在涉及主观评价或细微评价的任务中。

◎ 计算成本高：强化学习流程通常需要大量的计算资源来迭代评估和优化响应。将这些方法扩展到大模型时会进一步增加这些成本。

◎ 可扩展性问题：绝对奖励评估难以适应各种任务，很难在推理领域推广。

GRPO 尝试去掉价值模型，不依赖外部评估者，简化奖励评估过程，从而显著降低计算开销，使计算速度更快，更适用于大模型。

2. GRPO 的基本原理

GRPO 被视为一种 Actor-Only 的强化学习方法，其主要训练流程和 PPO 没有太大的差别，只是对价值模型给出的评估得分进行了替换（变成了相对评估），如图 4-9 所示。

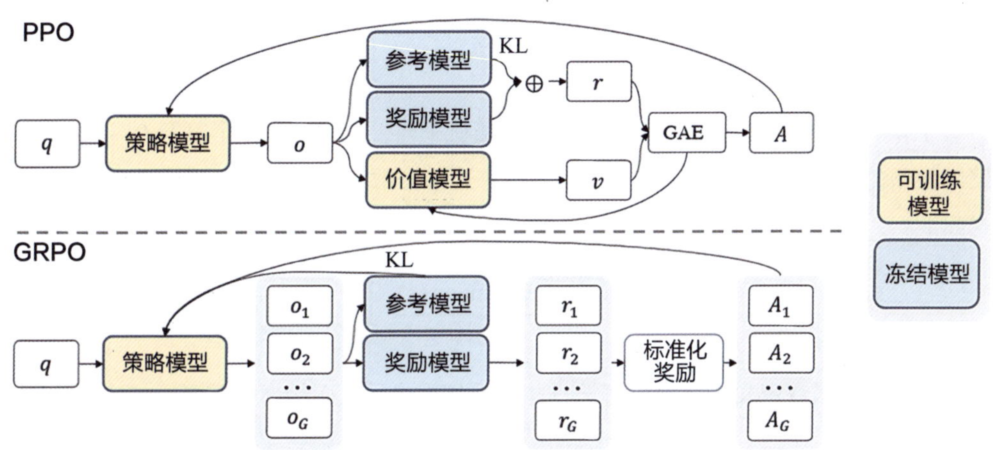

图 4-9　GRPO 与 PPO 对比示意图

相比于 PPO 中的价值模型给每个 token 打一个静态（不变）的分数，GRPO 的灵感来自相对评估的思想，也可以理解为赛马——在许多实际应用场景中，我们往往更容易判断一组事物的相对好坏，而不是给出绝对的价值评估。例如，在评估一组员工的绩效时，经理可能更容易比较不同员工的产出，而不是给每个员工打一个绝对的分数。GRPO 将相对评估的思想引入强化学习，通过组内的相对评分来构建基准，完全替代了对价值模型的依赖。具体来讲，其核心思路是：在同一个问题上生成多条答案，对它们彼此做相对比较，以代替传统 PPO 中的价值模型。

3. 理解 GRPO 目标函数

GRPO 最大的改进点就是如何计算优势得分 A_i。因为 DeepSeek 采用了 ORM 的奖励机制，所以无须考虑每个 token 或片段的奖励，样本的所有 token 都使用同一个 A_i，其原理如图 4-10 所示。

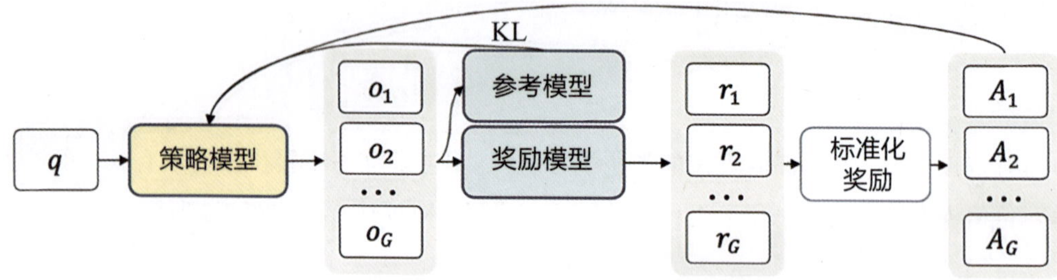

图 4-10　GRPO 原理示意图

每个 q 都会被输入待训练的策略模型进行随机采样，让其产生多个答案 $O_1 \sim O_G$，答案经过奖励模型的打分，得到分值 $r_1 \sim r_G$。最后，将这些分数归一化，得到最终奖励值。归一化公式如下。

$$A_i = \frac{r_i - \text{mean}(r)}{\text{std}(r)}$$

GRPO 目标函数定义了模型如何学习并改进其策略，从而提高生成高质量响应的能力，公式如下。

$$\mathcal{J}_{\text{GRPO}}(\theta) = \boldsymbol{E}\left[q \sim P(Q), \{o_i\}_{i=1}^{G} \sim \pi_{\theta_{\text{old}}}(O|q)\right]$$
$$\frac{1}{G}\sum_{i=1}^{G}\left(\min\left(\frac{\pi_\theta(o_i|q)}{\pi_{\theta_{\text{ref}}}(o_i|q)}A_i, \text{clip}\left(\frac{\pi_\theta(o_i|q)}{\pi_{\theta_{\text{ref}}}(o_i|q)}, 1-\varepsilon, 1+\varepsilon\right)A_i\right) - \beta D_{\text{KL}}\left(\pi_\theta|\pi_{\theta_{\text{ref}}}\right)\right)$$

上述公式所对应的 GRPO 的计算过程，如图 4-11 所示。

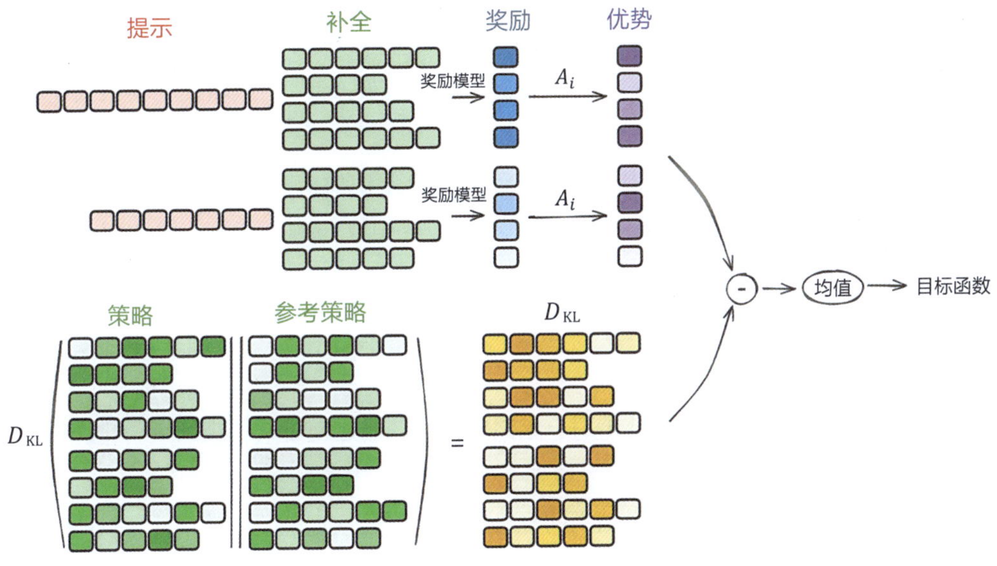

图 4-11　GRPO 的计算过程

可以看到，GRPO 和 PPO 的主要差异就在于计算方法。另外，GRPO 的奖励得分并没有通过奖励模型得到，而是直接使用规则计算（包括准确性奖励和格式奖励）得到，从而有效避免了奖励欺骗问题。

相比于 PPO 算法，GRPO 算法有如下优点。

◎ 无须训练价值模型：避免了训练大规模价值模型带来的计算开销过大和不稳定问题。

◎ 降低价值估计方差：相对评估关注组内输出的优劣，而不是绝对价值的大小，减小了估计方差，提高了训练稳定性。

◎ 更符合奖励模型的比较特性：奖励模型通常基于比较数据训练，GRPO 的相对评估方式与之更契合。

◎ 更适用于序列生成任务的信用分配：即使奖励是稀疏的，GRPO 也能有效地学习。

4.3.2 奖励模型

1. 选择 ORM 奖励模型

在训练 DeepSeek-R1-Zero 模型的过程中，DeepSeek 研究团队选择了 ORM，而非 PRM。这种选择是基于以下考虑的。

◎ 避免奖励欺骗：如果在强化学习中使用 PRM 作为奖励模型，则奖励模型容易被智能体利用，导致奖励欺骗。模型可能采取“旁门左道”的策略使奖励最大化，而非提高推理能力。

◎ 降低训练复杂度：训练 PRM 需要大量的计算资源和标注数据，增加了训练流程的复杂度。基于规则的奖励模型无须额外训练，一旦确定规则即可直接应用，简化了训练流程。

2. 奖励机制

DeepSeek-R1-Zero 的奖励系统采用双重奖励机制，通过预定义的规则自动化评估，确保评估过程的高效和实时。这套系统包含两种类型的奖励：准确性奖励和格式奖励。

准确性奖励用于衡量模型输出结果的准确性，是奖励系统最关键的部分，目的是引导模型生成准确、可靠的输出结果，对不同的任务类型采用不同的验证方法。

◎ 数学问题：验证最终答案是否与标准答案一致。

◎ 代码生成：通过编译器执行模型生成的代码，使用预设的单元测试用例进行多次测试，判断代码的正确性。

格式奖励是为了提高模型输出的可读性和结构性，方便分析和评估而引入的奖励机制，目的是鼓励模型生成结构化的输出。例如，输出包含思考过程和最终答案，使其更易于用户理解和分析。

3. 奖励函数

奖励函数由准确性奖励和格式奖励加权求和得出。

$$r(o) = r_{\text{accuracy}}(o) + \lambda \cdot r_{\text{format effective}}(o)$$

格式奖励分为有效格式奖励和基础格式奖励。其中，有效格式奖励的计算方式如下。

$$r_{\text{format effective}}(o)=\begin{cases}r_{\text{format}}(o) & \text{如果}\,o\,\text{的基础格式符合要求}\\0 & \text{如果}\,o\,\text{的基础格式不符合要求}\end{cases}$$

基础格式奖励则根据格式规范的符合程度进行分级：

$$r_{\text{format}}(o)=\begin{cases}R_{\text{format full}} & \text{如果}\,o\,\text{的格式完全符合规范}\\R_{\text{format partial}} & \text{如果}\,o\,\text{的格式部分符合规范}\\0 & \text{如果}\,o\,\text{的格式不符合规范}\end{cases}$$

4. 奖励评估

奖励评估的基本流程如下。

① 准确性评估：评估模型输出的答案是否正确，计算准确性奖励。

② 基本格式检查：检查输出的基础格式是否符合预定义的要求，如是否包含必要的标签 <think> 和 <answer>，以及标签是否正确地闭合和嵌套。

③ 有效格式奖励判断：若基础格式不符合要求，则有效格式奖励为 0。

④ 判断基础格式是否符合要求：进一步评估格式的规范程度，计算基础格式奖励。

⑤ 最终奖励计算：将准确性奖励和有效格式奖励线性加权求和，得到最终奖励。

通过结合准确性奖励和格式奖励，DeepSeek-R1 模型的奖励系统不仅关注模型输出的正确性，还重视输出结果的结构化和可读性。这使 DeepSeek-R1 模型不仅能给出正确答案，还能展现思考过程，更像一个具备推理能力的智能体，而不只是一个简单的答案输出机器。

4.4　DeepSeek-R1 的训练

DeepSeek 研究团队通过对 DeepSeek-R1-Zero 版本的探索，在取得突破并发现一些新的问题后，决定以强化学习为主导，综合应用其他训练手段，开发一个面向所有场景的推理大模型——DeepSeek-R1。

DeepSeek-R1 的训练比 DeepSeek-R1-Zero 复杂。整个训练过程从 DeepSeek-V3-Base 模型出发，经历了多阶段的训练，逐步迭代优化完成，如图 4-12 所示。

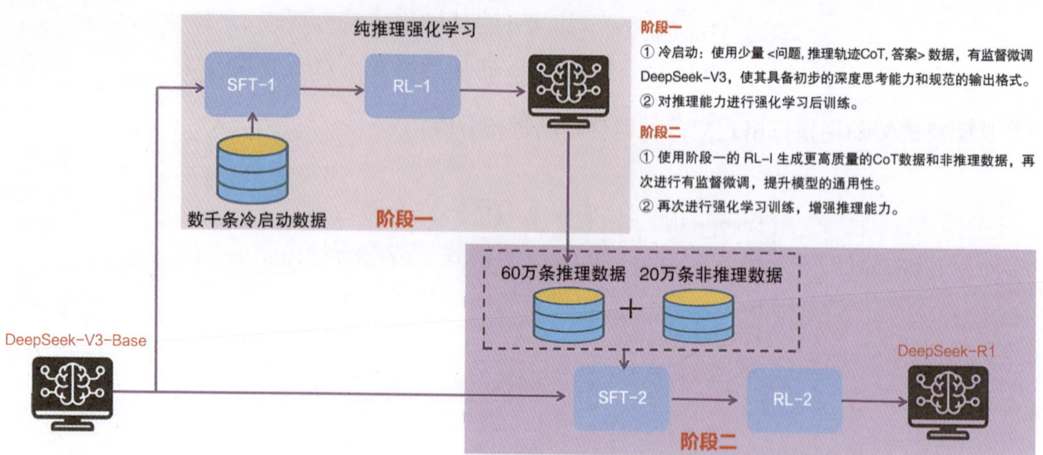

图 4-12 DeepSeek-R1 的训练过程

整个训练过程分为两个阶段。阶段一的主要目的是训练一个数据生成器，用于生成 60 万条高质量的推理数据。阶段二的主要目的是使用高质量的推理数据进行训练，得到最终的 DeepSeek-R1 模型。

4.4.1 阶段一训练

1. DeepSeek-R1 的冷启动（SFT-1）

DeepSeek-R1-Zero 用基础模型直接进行强化学习训练，虽然取得了不错的效果，但是在早期曾出现一些训练不稳定的情况。因此，DeepSeek-R1 在训练时增加了冷启动环节。它如同引擎的点火器，为后续复杂的强化学习训练过程奠定了坚实的基础。冷启动阶段的对应模块为 SFT-1。

冷启动阶段的目标明确且关键：利用高质量的 CoT 数据，对 DeepSeek-V3-Base 模型进行初步微调。首先需要获得高质量的训练数据，方法如下。

① 少样本引导：利用少量高质量的样本，引导 DeepSeek-R1-Zero 模型生成更长、更具深度和逻辑性的 CoT 数据。加入反思和验证环节，确保答案的质量和推理的正确性。

② 优化 DeepSeek-R1-Zero 的输出：对上一步生成的 CoT 数据进行人工标注和优化，提升数据的可读性和整体质量。

DeepSeek-R1-Zero 模型的输出存在可读性挑战，如语言混合、缺乏结构化格式等。为了解决这些问题，针对冷启动数据特别设计了更易读的输出模式，具体做法如下。

◎ 添加摘要：在回复末尾添加精炼的摘要，快速提炼核心结论。

◎ 过滤不良回复：去除不友好或低质量的回复，确保数据的纯净度。

◎ 结构化输出格式：采用 | special_token | <reasoning_process> | special_token | <summary> 格式，清晰地呈现推理过程和总结。

通过上述做法，DeepSeek 研究团队积累了数千条高质量的冷启动数据，获得了如下两种能力。

◎ 初步推理：引导模型学习和模仿人类的推理过程，为更复杂的推理打下基础。

◎ 良好的文本生成质量：确保模型输出文本的流畅性和自然度，提升用户体验。

有了上述训练数据，对 DeepSeek-V3-Base 进行微调，作为后续强化学习训练的起点。经过微调训练的模型初步掌握人类的推理模式，并具备生成结构化推理的能力，摆脱了从零开始探索的困境。

2. 推理导向的强化学习（RL-1）

经过冷启动微调后，DeepSeek 研究团队通过强化学习进一步提升模型在推理密集型任务中的能力，对应的模块为 RL-1。

此阶段的核心在于最大化奖励函数，引导模型学习更有效的推理策略。与 DeepSeek-R1-Zero 类似，推理导向的强化学习使用 GRPO 作为强化学习算法，通过采样和优化策略提升模型的性能，这里不再赘述。

但是，研究人员发现训练后的模型在后续的推理过程中存在 CoT 语言混合问题。为了解决这个问题，DeepSeek 研究团队在奖励函数中引入了语言一致性奖励，并将其与任务奖励结合，构成总奖励函数。

$$r(o) = r_{\text{task}}(o) + \alpha \cdot r_{\text{lang consistency}}(o)$$

总奖励函数的值是任务奖励和语言一致性奖励的加权和，用于驱动模型在提高推理准确性的同时保持 CoT 输出的语言一致性。

经过阶段一的训练，得到了数据生成器 RL-1。

4.4.2 阶段二训练

1. 拒绝采样

拒绝采样的核心是收集一批高质量的数据。首先对 RL-1 输入提示词，采样多个响应

（通常为 10 ~ 20 个）。通过规则化奖励模型（Rule-based Reward Model）或生成式奖励模型（Generative Reward Model）评估每个响应的质量，仅保留正确且高质量的响应，过滤掉语言混杂、逻辑混乱或不符合要求的输出。最终，生成了约 60 万条与推理有关的训练数据。

除了推理数据，还引入了约 20 万条非推理数据（如事实问答、自我认知和翻译等）。这些非推理数据一部分来自 DeepSeek-V3 的 SFT 数据集，另一部分通过提示模型生成。

将推理数据和非推理数据合并，形成了约 80 万条训练数据，用于接下来的强化学习训练。

2. 二次 SFT（SFT-2）

使用上一步生成并整合的数据对 DeepSeek-V3-Base 模型进行两轮有监督微调，进一步优化模型的推理能力和在通用任务中的表现，对应的模块为 SFT-2。

通过迭代精炼数据和重训练模型，期望模型在每轮有监督微调中迭代和学习到质量更高的数据模式，最终收敛到高质量的输出模型。在迭代过程中，训练数据分布逐步聚焦于高质量数据，使模型在损失最小化过程中不断提升生成高质量输出的能力。

3. 面向所有场景的强化学习（RL-2）

为了进一步对齐人类偏好，DeepSeek 研究团队在上一步结果的基础上，对模型进行了阶段二的强化学习，即面向所有场景的强化学习，旨在提升模型的有用性和无害性，同时保持其推理能力，对应的模块为 RL-2。

由于是面向所有场景的，所以这个阶段的强化学习训练的特点是对不同类型的数据使用不同的奖励方式。

◎ 针对推理数据，沿用基于规则的奖励模型（与 DeepSeek-R1-Zero 相同）。

◎ 针对通用数据，使用奖励模型，采用对齐人类偏好的方式训练。

◎ 对于有用性，仅关注最终结果，以确保评估重点放在模型的响应对用户的实用性与相关性上，同时尽量减少对底层推理过程的干扰。

◎ 对于无害性，评估模型的整个响应过程，包括推理过程和最终结果，以识别并缓解生成过程中可能出现的任何潜在风险、偏见或有害内容。

通过上述训练策略，模型不仅在推理方面表现出色，还能优先考虑有用性和无害性。

4.4.3　推理能力的蒸馏

在完成对 DeepSeek-R1 的训练后，为了将 DeepSeek-R1 的强大推理能力迁移到更小的模型上，DeepSeek 研究团队进行了相关研究。他们发现，仅使用简单的蒸馏（Distillation）技术也能显著提高小模型的推理能力。具体来说，使用由 DeepSeek-R1 生成的约 80 万条训练数据，对 Qwen 和 LLaMA 系列模型进行了有监督微调。这些模型涵盖从 15 亿到 700 亿个参数的多种模型规模，如 Qwen2.5-Math-1.5B、Qwen2.5-Math-7B、Qwen2.5-14B、Qwen2.5-32B、Llama-3.1-8B 和 Llama-3.3-70B-Instruct。模型测试对比的结果惊艳，如表 4-1 所示。

表 4-1　模型蒸馏后与其他模型的测试对比

模型	AIME 2024		MATH-500	GPQA Diamond	LiveCode Bench	CodeForces
	pass@1	cons@64	pass@1	pass@1	pass@1	rating
GPT-4o-0513	9.3	13.4	74.6	49.9	32.9	759
Claude-3.5-Sonnet-1022	16.0	26.7	78.3	65.0	38.9	717
OpenAI o1-mini	63.6	80.0	90.0	60.0	53.8	1820
QwQ-32B-Preview	50.0	60.0	90.6	54.5	41.9	1316
DeepSeek-R1-Distill-Qwen2.5-Math-1.5B	28.9	52.7	83.9	33.8	16.9	954
DeepSeek-R1-Distill-Qwen2.5-Math-7B	55.5	83.3	92.8	49.1	37.6	1189
DeepSeek-R1-Distill-Qwen2.5-14B	69.7	80.0	93.9	59.1	53.1	1481
DeepSeek-R1-Distill-Qwen2.5-32B	72.6	83.3	94.3	62.1	57.2	1691

续表

模型	AIME 2024		MATH-500	GPQA Diamond	LiveCode Bench	CodeForces
	pass@1	cons@64	pass@1	pass@1	pass@1	rating
DeepSeek-R1-Distill-Llama3.1-8B	50.4	80.0	89.1	49.0	39.6	1205
DeepSeek-R1-Distill-Llama3.3-70-BInstruct	70.0	86.7	94.5	65.2	57.5	1633

经过蒸馏的 Qwen2.5-14B 模型的表现优于 QwQ-32B-Preview，后者是在 DeepSeek-R1 发布之前最好的开源推理模型。此外，即使是最小的蒸馏模型，也比未针对推理进行优化的标准闭源模型（如 GPT-4o）的表现好，而 320 亿和 70 亿个参数的蒸馏模型在大多数基准测试中的性能都超过了 OpenAI o1-mini 模型。

这个实验证明，大参数规模模型的推理模式对提高小模型的推理能力至关重要，即在探索人工智能的边界方面，依然需要依赖参数规模庞大的模型，同时，可以通过蒸馏等技术将大参数规模模型的推理能力转移到小模型上。

4.5 小结

DeepSeek-R1-Zero 在训练初期没有人工示范，完全靠自己摸索。就像让小孩自己解谜题，结果他居然悟出了很多强大的解题技巧！例如，模型学会了反思自己的答案、尝试不同的思路等，这些都是人类解题时会用到的策略。可以说，经过强化学习，小孩已经变成了有创造力的数学家。

仅靠自我摸索的 DeepSeek-R1-Zero 也存在明显的问题：它给出的答案有时很难读懂，甚至会中英文混杂，或者偏离人们习惯的表达方式。这就好比一个钻研技术的极客，虽然思路很清晰，但是说话让人抓不住重点。

因此，在训练 DeepSeek-R1 时，DeepSeek 研究团队对模型进行了两次额外的调整：第一次是喂给它一些冷启动的例子，相当于给模型打好基础，让它知道回答时的基本礼仪和清晰度；第二次是在强化学习之后，收集在训练中表现优秀的解题示例，再混合一些人工整理的题目，重新训练模型，这就像学生借助老师整理的笔记和一些优秀思路来巩固学习。经过这两轮调整，模型的表达更流畅了，知识面也更广了。对模型进行最后一轮强化学习训练，让它针对各种类型的问题进行训练，相当于毕业前的全面模拟考试。最终的 DeepSeek-R1 模型，既有缜密的推理能力，又能用清晰、自然的语言给出答案。

通过这样的流程，DeepSeek-R1 就像一个经历了自学、纠错、再学习、再实战的学生，已成长为解题高手。

上述过程还揭示了一个少有人注意的基本原则，那就是要让模型自由地思考。在许多 AI 实验中，模型的结构约束越少，则当计算资源增加时，最终性能的上限越高。反之，如果在早期给模型添加过多的结构约束，则它的最终表现可能会受到限制，失去了更多自主探索的可能性。在各种训练模型推理能力的范式中，基于结果奖励的强化学习给模型的约束最少。以结果为导向，用结果来激励——“Don’t teach, incentivize.”也就是说，不要去“教”模型，而要“激励”它自主探索。

DeepSeek-R1 的整个训练过程是一次凝聚了 AI 自主学习和复杂推理的飞跃，值得我们反复学习和思考。

第 5 章　DeepSeek 的影响与成功启示

5.1　DeepSeek 对 AI 格局的影响

DeepSeek 是我国首个引发国际广泛关注的大模型，它的一系列技术创新对全球大模型产业产生了巨大的冲击和影响：不仅是产品和技术层面的，也是行业生态和商业模式方面的。DeepSeek 的出现改变了人们的很多已有观念，开创了大模型发展的新格局。

5.1.1　打破硬件依赖的迷思

DeepSeek-V3 的出现对人工智能领域长期以来依赖高端硬件的状态提出了挑战。

在传统的研究方法中，大模型的训练和推理高度依赖高性能的 GPU，尤其是英伟达的高端产品，如 H100 和 A100 等。然而，DeepSeek-V3 在训练过程中仅使用 H800，这是一种“阉割”版本的硬件。通过一系列优化，DeepSeek-V3 取得了与使用高端硬件相当甚至更好的效果。这种突破表明，在大模型的开发中，硬件并非唯一决定因素，通过算法优化、架构调整和工程技巧，可以在有限的硬件资源下实现高效的模型训练和推理。这同时证明了，以往研究人员对硬件的使用过于粗放，存在大量的浪费。

DeepSeek-V3 的成功为无法获取高端硬件资源的国家和地区提供了一种新的发展思路。许多国家和地区由于技术封锁或成本限制，难以大规模部署高端 GPU。DeepSeek-V3 的实践证明，通过技术创新和资源优化，这些国家和地区可以在人工智能领域实现自主发展，减少对高端硬件的依赖。例如，DeepSeek-V3 通过低精度存储与通信优化（如使用 FP8 格式），在降低显存占用和通信成本的同时，显著提升了训练和推理效率。这种优化方式为其他团队提供了可借鉴的范例，推动了人工智能技术的多元化发展。

5.1.2 对英伟达 CUDA 护城河的冲击

目前，企业普遍使用英伟达CUDA高级编程语言训练大模型。DeepSeek绕开了CUDA层，直接在更接近机器码的 PTX 层进行训练优化（如图 5-1 所示），通过对底层硬件进行更精细的控制，使训练效率提高了 4 ~ 10 倍。这种范式可以移植到国产 AI 芯片上，释放国产算力的潜能，为国内的 GPU 厂商带来新的机会。

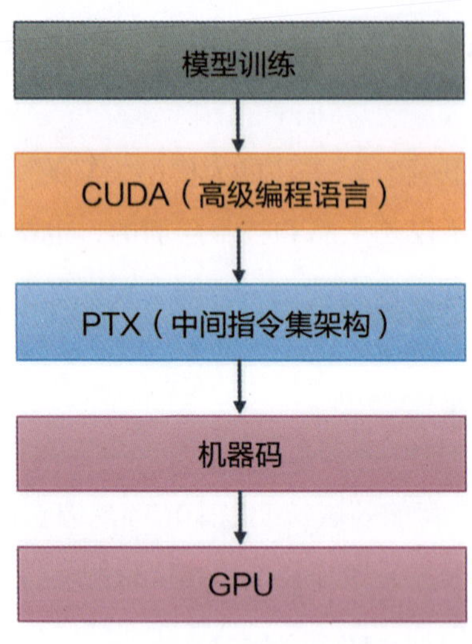

图 5-1 GPU 使用示意图

5.1.3 对大模型技术路线的重新思考

传统大模型主要基于Transformer架构的密集模型设计，所需的计算资源和训练成本较高。DeepSeek-V3 采用 MoE 架构，通过稀疏激活的方式，在保持高性能的同时大幅降低了计算资源需求。这种架构设计不仅提高了模型的效率，也为大模型的扩展提供了新的可能性。

此外，DeepSeek-V3 在训练过程中引入了多目标预测和知识蒸馏等创新方法。多目标预测通过同时预测多个 token，提高了模型的理解能力和训练效率；知识蒸馏则通过从更强的模型中学习，提升了模型的推理能力。这些技术的应用表明，提升模型的性能需要从多个角度同时发力，在细节上多下功夫。

就推理模型而言，在 OpenAI o1 模型发布后，业界开始研究它。OpenAI 在论文“Let's Verify Step by Step”中提到的方法长时间指导技术的发展。DeepSeek-R1 则开创了一条利用强化学习来训练推理模型的道路，并且创造性地提出了 GRPO、ORM，以及基于规则的奖励模型。这将促使研究人员重新思考增强大模型推理能力的方式和方法——通往罗马的道路也许不止一条。

5.1.4　投资风向的改变

DeepSeek 的出现对人工智能领域的投资风向产生了显著影响。传统上，人工智能领域的投资主要集中在硬件和基础设施上，尤其是对高性能 GPU 的需求。然而，DeepSeek 的成功表明，通过技术创新和工程优化，可以在有限的硬件资源下实现高效的人工智能模型开发，算法优化、工程能力与硬件和基础设施同样重要，甚至可能成为未来人工智能技术发展的关键。这使投资者开始重新评估人工智能领域的投资策略，更加关注算法优化、架构创新和工程能力，从而推动人工智能技术的多元化发展。

DeepSeek 的成功降低了大模型研发的成本，之前只有拥有大算力和大数据的企业才有可能参与大模型的研发，如今更多的中小型企业看到了参与的机会。例如，一些专注于算法优化和工程实现的初创公司可能会受到更多的关注，从而获得更多的投资。

5.1.5　对商业模式的冲击

DeepSeek 的开源特性给人工智能的商业模式带来了新的挑战和机遇。开源大模型降低了人工智能技术的门槛，使更多的企业和机构能在其基础上进行二次开发和应用。一些企业可能通过提供基于开源大模型的定制化服务获取商业价值，另一些企业可能通过优化和改进开源模型提升自身的竞争力。

此外，DeepSeek 的开源策略对以 OpenAI 为代表的闭源商业模式产生了巨大的冲击。DeepSeek 不仅成本低，而且开源。这些特点将促使闭源大模型企业重新审视自身策略，思考如何在保持技术优势的同时应对开源大模型的挑战。

OpenAI 在 DeepSeek 发布后感受到竞争压力，开始考虑开源。OpenAI 首席执行官 Sam Altman 表示，OpenAI 在开源技术方面站在了历史的错误一边，未来或将考虑改变这一点。

百度在 DeepSeek 发布后，宣布旗下大模型产品“文心一言”从 2025 年 4 月起免费，并计划陆续推出文心大模型 4.5 系列，于 2025 年 6 月 30 日起正式开源。可以看出，一些闭源大模型企业可能会加大研发投入，提升技术壁垒，也可能会调整开源策略，适当开放一部分技术，以吸引更多的开发者。

在开源大模型的可持续发展方面，阿里通义千问系列大模型是一个典型例子。一方面，尽管开源大模型本身可能无法直接盈利，但通过开源可以吸引更多的开发者和企业使用阿里云大模型服务和配套的算力服务，形成“开源—应用—反馈”的良性循环，提高阿里云的市场份额和用户黏性。另一方面，阿里通义千问大模型的开源，推动了人工智能技术与各行各业的深度融合，为整个产业的可持续发展提供了动力。

5.1.6 对创新文化的冲击

在全球科技竞争中，中国企业长期以来被视为“跟随者”。由于历史的原因，中国科技行业在发展过程中形成了对模仿和应用的路径依赖，缺乏原创动力。DeepSeek 用行动告诉大家，追随和模仿并不总是最好的选择。DeepSeek-R1 模型的表现尤为明显。

OpenAI o1 模型的推理能力很强，但它即没有开源，也没有公布技术方案，只有一篇论文“Let’s Verify Step by Step”。追随者企图沿着这条路径复现 OpenAI o1，但都没有成功。DeepSeek 研究团队没有盲从，而是从强化学习增强大模型推理能力的路径入手，最终取得了成功。

这种以研究为核心的创新模式，虽然面临更高的成本和不确定性，却是实现技术突破的另一条路径。同时，随着我国人工智能技术的发展，我们可追随和可模仿的对象会越来越少，要求进行原创的技术一定会越来越多。

5.1.7 对地缘政治的冲击

DeepSeek 的成功让外界意识到中国在人工智能领域的实力。此前，外界认为中国在人工智能领域落后美国两年，但 DeepSeek 的出现表明实际差距仅为 3 到 9 个月，甚至在某些方面中国更强。这一技术突破也引发了西方国家的高度关注，随之而来的是一系列制裁措施，DeepSeek 因此遭遇了多轮大规模的恶意攻击，成为全球科技竞争与地缘政治博弈的焦点。

5.2 DeepSeek 的成功启示

DeepSeek 的成功给我们带来了多方面的启示。

5.2.1　领导者的技术直觉

如今，人工智能技术前沿领域的探索，与很多科学一样，直觉占有一定的分量，很多时候需要灵光一闪。人工智能技术有很多发展方向和路径，哪一条走得通、有效果，不仅依赖领导者的经验，也需要领导者对人工智能有深刻的理解和敏锐的直觉。DeepSeek-V3 的成功离不开梁文锋对技术趋势的敏锐洞察。

DeepSeek 创始人兼首席执行官梁文锋是做量化交易起家的。一个相信“一定可以对股票价格进行建模”的人，拥有深厚技术背景的人，自然对人工智能技术拥有异于常人的直觉。领导者的这种良好的技术直觉，使 DeepSeek 在技术上保持前瞻性。例如，DeepSeek 是国内第一个复现大规模 MoE、OpenAI o1，以及第一次使用 FP8 成功训练大模型的团队。

5.2.2　长期主义

DeepSeek 公司从 2023 年 7 月正式创立至今，始终坚定且清晰地践行“专注底层技术突破”而非“快速商业变现”的发展理念。专注底层架构突破，以技术代际跃迁而非局部改进参与全球竞争。不盲目追求快速商业化，更倾向于长期的、以技术创新为基础的发展路径。拒绝“烧钱”换市场，以架构创新实现商业可持续性。

正是在这种长期主义的指导下，幻方量化极其重视人工智能基础设施的建设。2019 年，幻方量化成立 AI 公司，其自研的深度学习训练平台“萤火一号”总投资近 2 亿元，搭载了 1100 块 GPU。2021 年，“萤火二号”的投入增加到 10 亿元，搭载了约 1 万张英伟达 A100 显卡。DeepSeek 取得成功，这个强大、稳定、高效的训练平台功不可没。

5.2.3　极致的工程优化

DeepSeek 的成功并非依赖单一的算法创新，而是将现有技术做到极致：从软件到硬件、从数据到模型架构、从训练到推理，全方位进行改良和优化。这种优化工作需要大量一线工程师的细致操作，而非单纯依赖个别天才式的创新。例如，DeepSeek-V3 在训练过程中采用了多种策略来提高训练效率，如负载均衡策略、动态调整机制和混合精度训练等。这些创新需要彼此呼应和配合，幻方量化展现出了无与伦比的工程规划能力和协作能力。

5.2.4 对资源的高效利用

在人工智能飞速发展的浪潮中，高性能计算硬件是模型训练与迭代的关键。然而，中国人工智能企业在发展进程中面临着获取高端显卡的重重阻碍。英伟达的 A100、H100 等高端显卡由于一系列复杂的因素，难以顺利进入中国市场，这无疑给国内人工智能产业的发展带来了巨大的挑战。

DeepSeek 作为一家在人工智能领域积极探索的企业，也不得不面对这种资源困境。在无法获取 A100、H100 显卡的情况下，DeepSeek 毅然选择 H800 显卡作为算力支撑。尽管 H800 在性能上与高端显卡有一定差距，但 DeepSeek 凭借强大的技术研发实力独辟蹊径，通过精心设计算法策略，对数据的处理流程进行深度优化，让每次的数据读取、计算和传输都更为高效、合理。同时，在通信策略上，DeepSeek 深入研究网络通信机制，创新性地采用自适应的通信调度方式，能够根据不同的任务需求和网络实时状况，动态调整数据传输的优先级和路径。

正是通过这种算法策略与通信策略的紧密协同，DeepSeek 实现了网络带宽的最优利用。在训练模型时，以往因网络带宽瓶颈导致的数据传输延迟问题得到了极大的缓解，数据能够以最快的速度在各计算节点之间流动，充分发挥了 H800 显卡的计算能力，使模型训练效率大幅提升。

DeepSeek 的这次成功实践，为其他同样面临资源受限困境的人工智能企业提供了极具价值的参考。它证明了在硬件资源并非顶级的情况下，通过对现有资源的深入挖掘和创新性利用，依然能够在人工智能领域取得显著成果。其他企业可以借鉴 DeepSeek 的思路，从自身拥有的硬件资源出发，在算法和通信层面进行优化创新，探索出适合自己的资源高效利用模式，推动整个 AI 产业在资源受限的环境中持续向前发展。

5.2.5 团队的创新文化

DeepSeek 对人才的选择条件主要是热爱、好奇心和扎实的基础。公司特别看重对技术极度热爱，以及拥有强烈好奇心的人。从个人兴趣出发开展工作，自由组队进行研究，有创意的想法会及时得到充足的资源支持。团队推崇扁平化管理，淡化职级理念，鼓励成员根据兴趣选择研究方向，为创新提供了肥沃的土壤。

DeepSeek 的团队文化是：创新要尽可能少地被干预和管理，让每个人都有自由发挥的空间和试错的机会，创新不是安排出来的，更不是教出来的。

第 6 章　DeepSeek 开源技术剖析

6.1　DeepSeek 的“开源周”

2025 年 2 月底，DeepSeek 开启了一场技术领域的开源盛宴，连续 5 天向全球开发者社区开放了 5 个重要的底层技术项目代码库（如图 6-1 所示）。这一举措被业界视为 DeepSeek 推动 AI 开源生态和技术变革的重要里程碑，引发了全球开发者的强烈关注和广泛讨论。

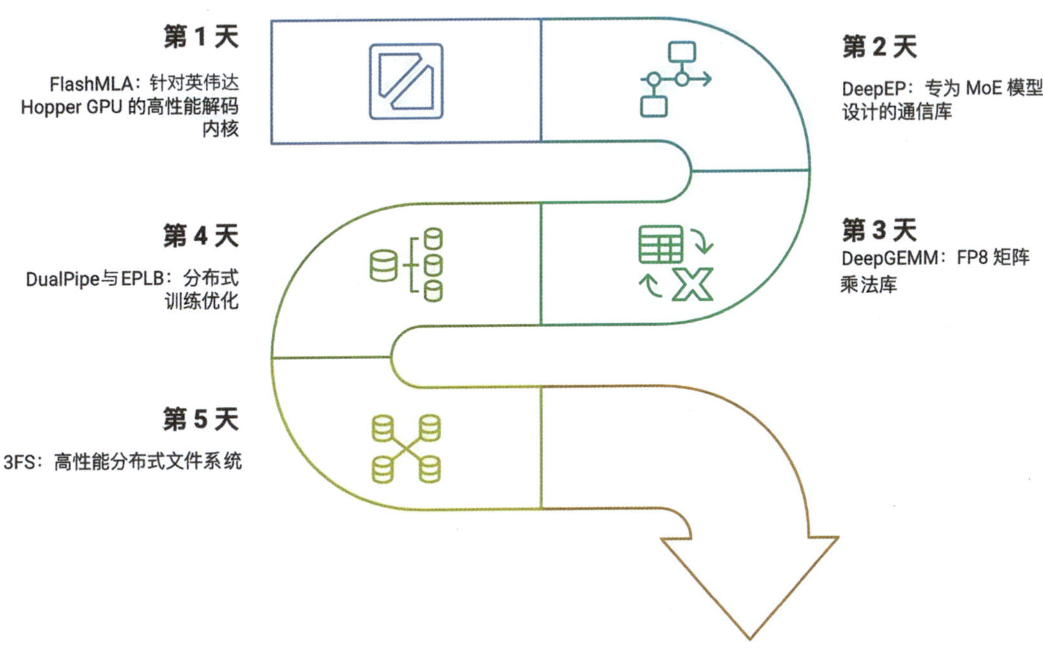

图 6-1　DeepSeek“开源周”开放的项目代码库

这 5 个开源项目展示了 DeepSeek 在 AI 底层技术领域的深厚积累与创新：从硬件性能的极致优化，到低精度计算的革命性突破，再到并行计算的重构。同时，DeepSeek 通过开源实现了以下目标。

◎ 大幅降低技术门槛：创业公司仅需数十张显卡即可开发能够对标行业巨头的大模型，降低了 AI 技术的准入门槛，开启了 AI 技术的"平权时代"。

◎ 挑战行业巨头：DeepSeek 的开源项目直接挑战了英伟达的 CUDA 和 NCCL 生态，推动了国产软硬件适配，打破了大厂对高效推理工具的垄断。

◎ 加速 AI 应用落地：开源代码库可直接集成至 vLLM、Hugging Face 等生态，加速了 AI 应用的开发和部署，推动了边缘计算、实时推理等技术的普及。

◎ 成本革命：DeepSeek-V3 API 调用成本利润率达 545%，其开源策略推动了 AI 行业的降价潮，降低了大模型训练和推理的成本，增强了行业的竞争力。

◎ 重塑市场格局：与 OpenAI 的闭源路线形成对比，DeepSeek 的开源战略吸引了更多开发者加入其生态，有望重塑全球 AI 市场的竞争格局。

下面我们详细介绍每个项目的功能与目标、技术架构与核心技术、主要特点与优势、适用的应用场景，以及可能的影响与发展前景。

6.2 FlashMLA：减少显存消耗

在 DeepSeek"开源周"推出的众多创新项目里，FlashMLA（Flash Multi-Head Latent Attention）一马当先。它是为英伟达的 Hopper 架构 GPU 量身打造的，目的是让大模型在推理阶段的性能更上一层楼，如图 6-2 所示。简单来说，就是让大模型在处理复杂任务时更快、更省资源。

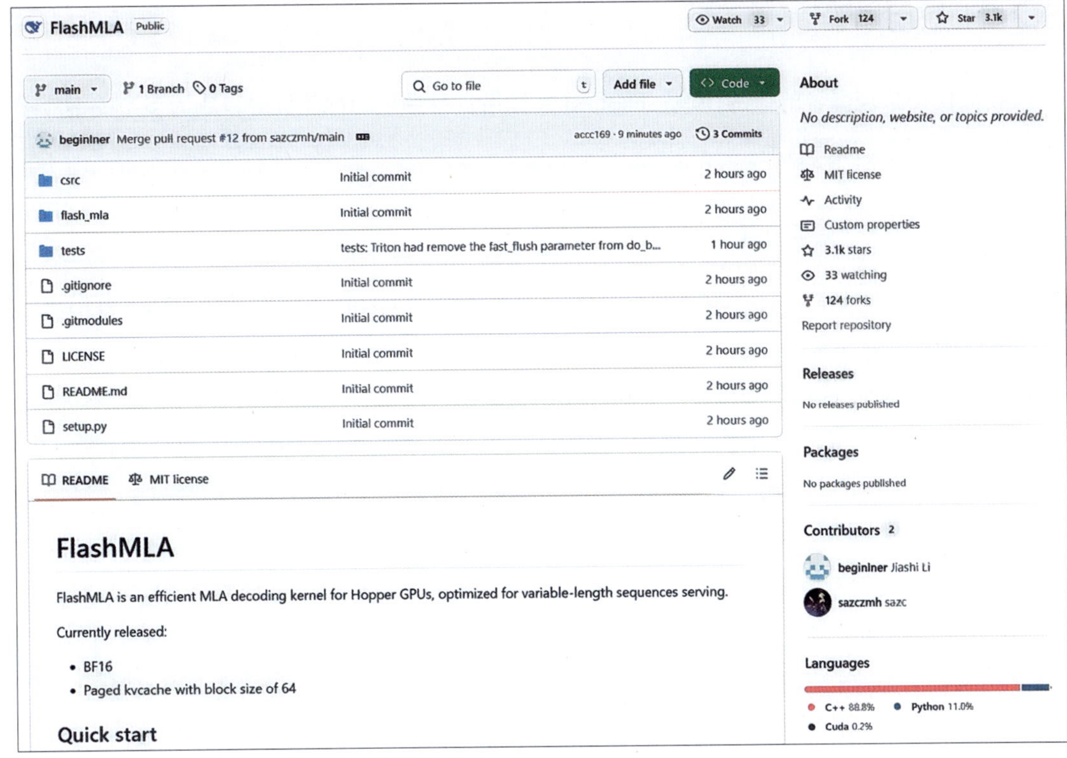

图 6-2　FlashMLA 的界面

6.2.1　项目特点

FlashMLA 的优秀之处在于它能深度优化显存利用和计算流程。它采用的 MLA 机制能降低显存占用和延迟，让大模型在有限的硬件条件下处理更长的上下文。它还支持 BF16 和 FP16 计算模式，在模型精度基本不受损的情况下，可以进一步减少显存占用和带宽需求，推理速度也能大幅提升。

在英伟达的 Hopper H800 集群环境下，FlashMLA 的显存利用率实现了高达 3 倍的提升。在 Hopper GPU 平台上，FlashMLA 展现出惊人的性能，实现了 3000GB/s 的带宽，以及 580TFLOPS 的算力输出，推动大模型的推理速度成倍增长。

值得一提的是，FlashMLA 的作者还提供了针对多种国产 GPU（如沐曦、摩尔线程、海光 DCU 等）的移植版本链接，彰显了其设计所具备的通用性和强大的扩展潜力，推动了 AI 技术在更广泛硬件平台上的应用与创新。

6.2.2 应用场景

在大模型推理部署的广阔领域，FlashMLA 凭借自身卓越的性能优势，成为多个关键应用场景中不可或缺的加速引擎。

1. 聊天机器人和实时对话系统

在客服问答、智能助手等聊天机器人及实时对话系统中，低延迟处理用户输入并迅速生成回复是提升用户体验的关键。

FlashMLA 通过优化推理过程，显著降低了延迟，使聊天机器人能够更加敏捷地进行响应。以 xAI 发布的 Grok 语音对话模型为例，它对实时性的要求极高。FlashMLA 可作为其强大的后端支撑，为用户带来流畅、自然的交互体验，增强对话系统的实用性与用户黏性。

2. 长文档处理

长篇文章摘要生成、法律文档分析等长文档处理任务对模型的上下文窗口长度要求颇高。FlashMLA 提升显存利用率的特性在此类任务中发挥了关键作用，使长序列处理得以轻松实现。

借助 FlashMLA，开发者无须增加硬件投入，便能将模型可以处理的上下文长度扩展数倍，从而实现长文档的高效理解与生成。这有助于在信息爆炸的时代快速提炼关键信息，提升文档处理效率与准确性，为知识管理、法律咨询等领域提供有力的工具。

3. 各行业实时 AI 推理

在医疗领域的实时病情分析、金融领域的高速交易决策等需要 AI 实时决策的场景中，1 毫秒的延迟都可能影响决策的准确性与及时性。

FlashMLA 凭借其高吞吐、低延迟的特性，为对时效极度敏感的应用提供了坚实保障。在医疗场景中，它助力医生快速获取病情分析结果，为紧急救治争取时间；在金融领域，它助力从业者迅速做出决策，把握市场机遇，提升竞争力。

综上所述，涉及 Transformer 模型解码的场景（如文本生成、翻译、对话等），均可将 FlashMLA 作为通用加速组件，为各类应用带来性能与效率的双重提升，推动 AI 技术在更多领域实现深度应用与创新发展。

6.2.3　技术剖析

1. 动态显存资源分配

FlashMLA 在处理 Transformer 解码任务时，就像一个精明的管家，根据序列的实际长度动态分配计算资源和显存空间。传统方法按照最大序列长度准备资源，会导致在处理短序列时浪费资源。FlashMLA 的按需分配策略让显存利用率大幅提升，避免了资源的不合理占用。

2. “分页”KV Cache 机制

在 Transformer 解码过程中，FlashMLA 引入了“分页”的 KV Cache 设计，把缓存划分成以 64 个元素为单位的页。这种块状缓存模式为查找和部分交换操作提供了便利，大幅减少了不必要的数据迁移，提升了缓存管理的效率和性能。

3. 支持 BF16 和 FP16 精度

FlashMLA 支持 BF16 和 FP16 精度。BF16 是一种对训练和推理都很友好的数据格式，在确保数值稳定性的同时，能将显存占用率降低至 FP32 的一半。FlashMLA 对 BF16 的原生支持，让模型采用更低的精度进行注意力计算，从而有效减少内存占用及对带宽的需求，进一步提升计算速度。

4. 完全并行的 GPU 实现

FlashMLA 基于 CUDA 内核实现，充分发挥了 Hopper 架构和 GPU 硬件的优势。它通过精心调度计算线程和内存访问，实现了计算与显存带宽的双重饱和。在纯内存受限的场景中，其显存带宽可达 3000GB/s；在计算受限的场景中，基于 H800 GPU、CUDA 12.8 环境，算力输出可达 580TFLOPS。这些数据接近 Hopper GPU 平台的理论峰值，充分体现了其在架构层面深度优化的显著成效。

5. 借鉴开源项目

FlashMLA 深受开源项目 FlashAttention 2、FlashAttention 3 和英伟达的 CUTLASS 库的启发，在架构设计上借鉴了这些项目的实践经验，并结合自身特点进行改进，如针对可变长序列进行了特殊优化。通过汲取他人之长，FlashMLA 的注意力计算效率达到了领先水平。

6.2.4 影响与展望

1. 技术革新

FlashMLA 的成功为在现有硬件基础上进行算法优化开辟了广阔的空间。它通过实践印证了“软件定义硬件性能”的理念，并凭借精妙的内核优化，将 GPU 的性能推至极限。

通过开源 FlashMLA，DeepSeek 为全球开发者搭建了协同创新的舞台，未来有望继续拓展支持范围，适配更多的 GPU 架构，与主流深度学习框架深度集成，成为 Transformer 推理领域的事实标准。

2. 产业赋能

FlashMLA 等开源优化工具的出现，大幅降低了 AI 应用的准入门槛。以往只有大厂才能实现的性能，如今中小型团队通过软件升级也能实现。这种竞争不仅推动了企业自身发展，也为整个 AI 产业生态注入了活力，促进了技术交流与创新。

3. DeepSeek 的战略布局

对 DeepSeek 来说，FlashMLA 是其开源战略的开篇之作，表达了其致力于 AI 基础设施开放协作的愿景。通过开放核心技术，DeepSeek 得到了开发者社群的信任，扩大了影响力，树立了领军者的形象。

如果 FlashMLA 被广泛采用，那么 DeepSeek 技术方案在行业内的地位将得到巩固。在未来，通过推出更多的优化库，DeepSeek 可以构建完善的开放 AI 基础设施套件。

4. 未来展望

FlashMLA 作为高性能的开源 AI 组件，将成为通往通用人工智能（Artificial General Intelligence，AGI）道路上的关键基础设施。随着社区的深度参与和持续改进，它有望进一步提升性能、丰富功能，在更多的实战项目中得到验证和完善。

从长远看，以 FlashMLA 为代表的开源项目将帮助行业搭建更加经济、高效、透明的 AI 算力资源池，加速通用人工智能落地，推动 AI 技术从理论研究走向实际应用，为人类社会带来创新和变革。

6.3 DeepEP：通信系统的优化

DeepEP（Deep Expert Parallelism）是 DeepSeek 开源周推出的第二个项目，它专门为 MoE 模型设计，旨在解决在进行分布式训练和推理时专家子模型之间通信开销大、效率低的问题。尽管 MoE 模型通过多个专家网络协同工作，提升了模型的容量和效率，但也带来了专家之间频繁交换数据的挑战。DeepEP 的目标是突破通信瓶颈，让 MoE 模型更充分地发挥优势。

6.3.1 项目特点

DeepEP 作为专门面向 MoE 模型通信的库，具备以下特点。

1. 突破 MoE 通信瓶颈

MoE 模型虽然能实现高效计算，但长久以来受制于通信开销。DeepEP 针对这一点提供了全栈优化的解决方案，从硬件链路利用到数据格式压缩，大幅降低了通信成本，使采用 MoE 并行的训练和推理任务能够线性扩展到更多 GPU，而不会因通信过载导致效果不佳。正如 DeepSeek 官方所说，这个通信库堪称"AI 算力焦虑终结者"，将 MoE 模型的训练门槛"腰斩"。

2. 单机 / 多机统一高效

DeepEP 同时优化了机内和机间通信，既适用于 DGX 工作站这样的单机 8 卡环境，也适用于大型集群多节点环境。开发者无须为不同拓扑编写不同的通信逻辑，DeepEP 会自动选择 NVLink 或 RDMA 路径并进行优化。这大幅提升了 MoE 模型在各种硬件上的可移植性，也保证了从单机调试到多机部署的一致高性能。

3. 兼顾训练吞吐和推理延迟

DeepEP 提供了两种内核模式，能同时满足训练和推理两种截然不同的需求。在训练时，它通过流水线并行和优化带宽利用率，让千亿模型的训练速度提升约 40%；在推理时，它精简路径，将响应延迟降低至原来的 1/5。这种灵活的性能模式让 DeepEP 成为通用的 MoE 通信方案，而不会局限于特定场景。

4. 前瞻性 Native FP8 支持

DeepEP 原生支持 FP8，这在当前的开源通信库中并不多见。FP8 被认为是下一代 AI 硬件和算法的重要方向之一，英伟达的 Hopper 架构 GPU 也支持 FP8 运算。DeepEP 提前布局 FP8，意味着开发者在未来可以让模型高效地适应下一代低精度训练范式。同时，FP8 带来的能耗和带宽优势也符合绿色 AI 的趋势，使大模型更具可持续性。

5. GPU 资源弹性控制

DeepEP 允许灵活设置 GPU 上用于通信的资源的比例，如 SM 核的分配等。这意味着在一些极端场景下，开发者可以选择牺牲少量计算资源换取更快的通信速度，或反之。这种灵活性为深度性能优化提供了可能，如在不同模型、不同集群结构上调整参数以找到最优平衡点，使整体吞吐量最大化。

6. 开源惠及社群

DeepEP 以 MIT 许可证开源，开发者可以自由使用并贡献改进建议。开源让这一尖端通信技术不再是少数大厂的专利，而成为全行业共享的财富。特别是对资金和人力有限的研究团队或创业公司而言，无须付出昂贵代价即可使用 DeepEP，大幅降低了实现超大规模模型的门槛。这在当前 AI“军备竞赛”中是一股清流，推动了公平竞争和协作创新。

6.3.2 应用场景

DeepEP 主要应用在 MoE 模型的训练和推理中。MoE 模型近年来在大模型和多模态模型中受到关注，它通过组合多个专家网络，能以较小的计算代价获得接近超大规模模型的性能。MoE 的部署需要解决通信问题，DeepEP 正好契合此需求。

1. 超大规模模型训练

DeepSeek 这种 1 万亿个参数级别的模型，以及 Google Switch Transformer 等模型，大多采用 MoE 技术。DeepEP 可以让成百上千个 GPU 构成的集群在训练此类模型时保持高效率，减少通信等待时间。例如，在机器翻译、语言模型预训练等需要处理海量数据的任务中，DeepEP 带来的通信提速意味着训练过程可以提前数周完成，大幅缩短了训练周期。

2. 大模型分布式推理服务

在采用 MoE 模型对外提供推理服务时（如多专家的聊天问答系统），DeepEP 确保各节点的专家迅速响应，不会因为通信导致超时或响应迟缓。举例来说，一个天气预报 MoE 模型部署在多个 GPU 上，DeepEP 可以保证每次查询时各专家的数据交换时间在毫秒级，从而实时输出预测结果。在实时分析、应急响应等场景中，这种能力非常重要。

3. 复杂科学模拟

在一些科学计算（如气候模拟、基因分析）场景中，可以用 MoE 思想将不同的功能模块拆分，放到不同的算力节点上。DeepEP 能用于这些高性能计算场景，加速跨节点的数据交换。例如，蛋白质动力学模拟需要在不同的节点上运行不同粒度的模拟器，DeepEP 确保各节点之间传递数据的延迟最低，从而接近实时地协同工作。

4. AI-as-a-Service 平台

提供底层算力服务的平台（如云厂商或研究机构）在支持用户训练 MoE 模型时，可以将 DeepEP 作为集群的一个标准通信加速组件。这会提升整个平台对 MoE 工作负载的支持效率，吸引更多用户使用相应的服务。在私有化部署的企业 AI 系统中也可以集成 DeepEP，以帮助 IT 团队架设高效的 AI 集群。

总体而言，对于需要在多 GPU 或多节点间频繁传输大块张量的深度学习场景，特别是 MoE 模型，DeepEP 极为适用。它在这些场景中的作用类似于“通信加速卡”，大幅提升了数据并行任务的执行效率（只不过是以软件形式实现的）。

6.3.3 技术剖析

1. Intra-Node 通信优化（NVLink 加速）

在单机多 GPU 环境下，DeepEP 利用 NVLink 的高速互联通道进行 GPU 直连通信。

NVLink 是英伟达 GPU 专用的高速总线，带宽远超 PCIe。DeepEP 针对 NVLink 设计了优化的通信内核，使单机内 GPU 互联通信的速度提高 3 倍，达到约 158GB/s，接近 Hopper 架构下的理论峰值。这就好比在服务器内部铺设多车道的高速公路，让 GPU 之间的数据交换畅通无阻。

2. Inter-Node 通信优化（RDMA + InfiniBand）

在跨服务器的多机集群环境下，DeepEP 采用 RDMA（远程直接内存访问）技术，通过 InfiniBand 等高速网络实现节点间通信的低延迟。DeepEP 有一套 RDMA 低延迟内核，避免经过 CPU 中转，将跨服务器通信延迟降低至 163 微秒，实现了 InfiniBand 网络的极限性能。这就像在不同城市之间架设高速公路并取消大量中转站，使远程通信的速度接近本地通信的速度。

3. FP8 智能压缩

DeepEP 支持 FP8（8 位浮点）数据。在通信时，使用 FP8 代替传统的 FP16 和 BF16，可以将数据大小缩小一半甚至更多，使带宽占用率下降 60%。FP8 精度较低，在 MoE 场景中可用于传输对精度不敏感的中间激活数据等。DeepEP 的通信内核原生支持 FP8 格式，在不显著影响精度的情况下，可以大幅减少传输的数据量，如图 6-3 所示。这相当于"智能交通灯压缩"策略，在不拥堵的前提下让车流量得到控制和优化。

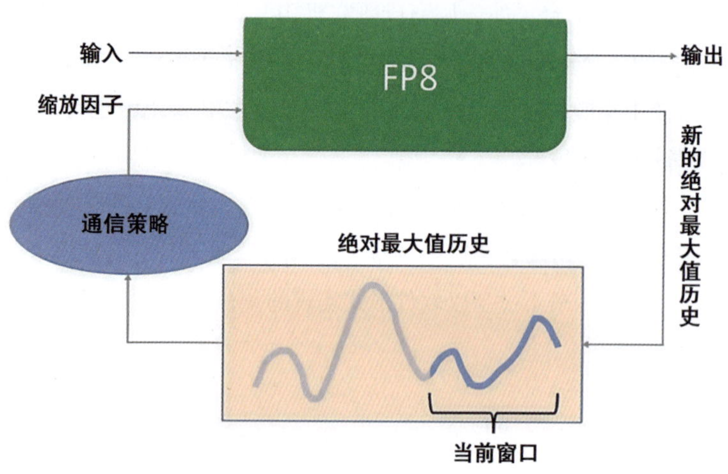

图 6-3　DeepEP 的通信机制

4. 高吞吐与低延迟双模内核

DeepEP 针对不同的使用场景，设计了两类通信内核：一类是面向训练过程的高吞吐内核，另一类是面向推理和解码过程的低延迟内核。高吞吐内核利用批处理填满带宽资源，适合大批量的训练数据交换；低延迟内核采用简洁的 RDMA 路径，缩短了等待时间，适合需要实时响应的推理通信。这种双模式设计确保了无论是在大规模中训练还是在在线推理中，DeepEP都能发挥最佳效果。

5. 通信与计算重叠

DeepEP 引入了一种基于 hook 的通信—计算重叠方法，在不占用额外计算单元（SM）的情况下，将通信过程和 GPU 计算过程并行执行。这类似于 DualPipe 在流水线训练中的工作：让 GPU 在进行矩阵计算的同时，利用空闲的 DMA 引擎发送或接收数据。通过 PyTorch 等框架的回调 hook，将通信操作插入计算图的适当位置，实现完全并行。这意味着 GPU 几乎没有闲时，要么在算术运算，要么在收发数据。

6. NVSHMEM 集成

DeepEP 的底层依赖英伟达的 NVSHMEM 库，并进行了修改和优化。NVSHMEM 提供了 PGAS（一种全局地址空间）模型，使编程模型可以像访问本地内存一样访问远端 GPU 的显存。DeepEP 使用 NVSHMEM 打通了 GPU 直接读写彼此显存的通道，结合自研算法实现了智能调度和负载均衡。这种深度集成硬件的做法，让 DeepEP 的性能远超基于 MPI 或 NCCL 的通信实现。

6.3.4　影响与展望

1. 对大模型架构创新的推动

DeepEP 的出现为大模型架构创新提供了新的可能性。过去，一些有潜力的架构（如更复杂的 MoE 路由、专家层次化等）可能因为通信开销过大而被放弃。有了 DeepEP，这些架构的可行性大幅提高。未来，MoE 模型可能会发展出规模更大、更复杂的拓扑，DeepEP 则将成为其背后的关键支撑技术。

2. 形成通信优化的新生态

DeepEP 开源后，有望成为类似于 NCCL、MPI 的通信库事实标准，并且专注更高层的模型通信优化。社区开发者可以在 DeepEP 上构建针对不同类型模型的并行通信方案，实现模块化复用。例如，未来可能出现基于 DeepEP 的 Tensor Parallel 通信库、流水线并行通信库等，将不同并行模式下的优化集成在 DeepEP 提供的高速通道之上。这将使整个分布式训练领域的开源生态更加繁荣。

3. 降低大模型训练成本

从经济角度看，DeepEP 使完成训练任务所需的时间减少，或者说在同样的时间内可以训练规模更大的模型（这意味着成本下降）。对 AI 创业者和学术研究人员来说，这无疑是巨大利好——训练一个超大规模的模型不再是“天价工程”。在 AI 模型训练成本越来越受关注的当下，DeepEP 等技术是实现“花小钱办大事”的关键。

4. 推动国产 AI 硬件与软件结合

DeepEP 等开源项目开始支持国产 AI 硬件（如对沐曦、寒武纪等国产 GPU 和加速卡的兼容优化），这将加速国产硬件生态的成熟。有了先进的软件支持，国产 AI 芯片在执行复杂的分布式任务时也能达到较高的效率。国内的超算中心、大模型研究机构可直接利用这些成果，少走弯路。

5. DeepSeek 行业领导力提升

作为 DeepSeek 技术版图的重要部分，DeepEP 的成功巩固了 DeepSeek 在 AI 基础设施领域的地位。相比于封闭开发，DeepSeek 通过开源赢得了口碑和社区支持，这对公司长期发展具有战略意义：一方面，社区的反馈和贡献可以帮助 DeepSeek 更快地迭代技术；另一方面，这些开源项目在行业内的传播为 DeepSeek 树立了技术标准制定者的地位。如果未来 AI 行业沿用 DeepSeek 开源的通信协议和工具，那么 DeepSeek 将在开源生态中处于核心地位。

总体而言，DeepEP 的开源，不仅提供了即时的工程价值，也具有长远的产业影响。它体现了一种趋势：通过开源协作，加速突破 AI 基础设施瓶颈。随着时间的推移，我们有望看到 DeepEP 被广泛应用并持续演进，融入主流深度学习框架并成为内置组件，衍生出更多创新性功能。DeepSeek 在这个过程中也将持续受益，继续引领 AI 算力技术革新浪潮。

6.4 DeepGEMM：让矩阵乘法起飞

DeepGEMM 是 DeepSeek“开源周”第三天推出的项目，全名是“深度通用矩阵乘法库”，如图 6-4 所示。它的目标是把矩阵乘法这个在深度学习中特别基础又特别耗时的操作优化到极致。在现代深度学习中，GEMM 是最基本也最耗时的算子之一，特别是在 Transformer 等模型中，大量的张量运算本质上可以归结为矩阵乘法（如 MHA 中的投影、FNN 中的大矩阵乘法等）。因此，GEMM 的效率在很大程度上决定了模型训练和推理的性能。这就好比在建造高楼大厦时，“搬砖”是基础又耗时的工作，DeepGEMM 的目标是让“搬砖”的过程变得又快又好，从而提升整个模型训练和推理的效率。

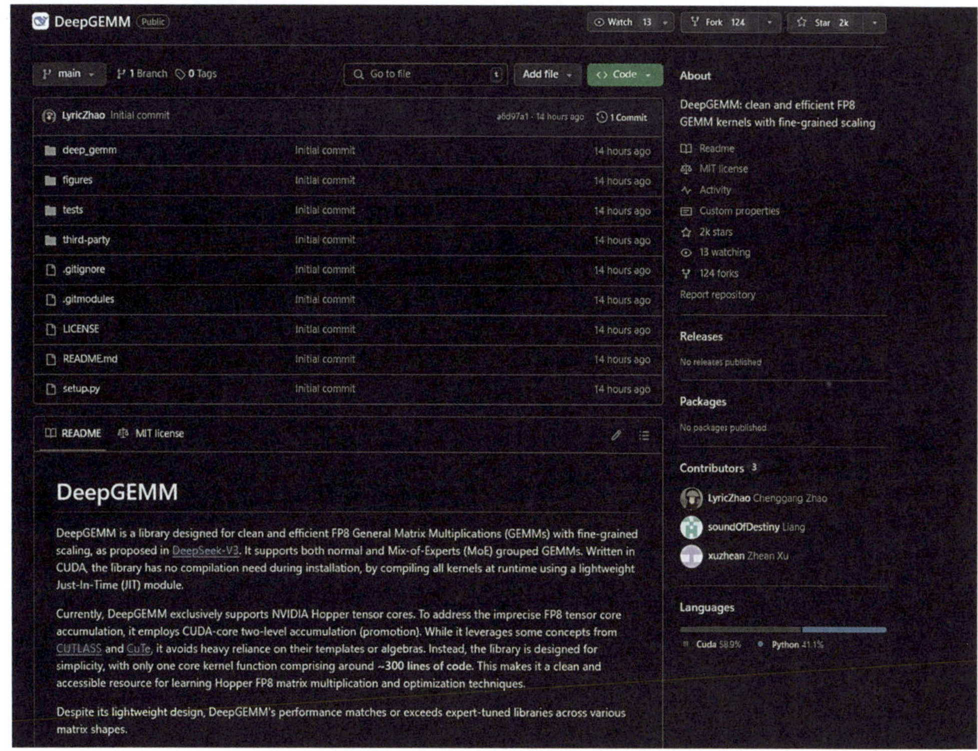

图 6-4　DeepGEMM 的界面

6.4.1　项目特点

1. 支持超低精度运算

DeepGEMM 的一大亮点是对 FP8 的支持。它实现了一套干净且高效的 FP8 矩阵乘法内核，辅以细粒度的尺度因子来保证数值的稳定性。尽管 FP8 比 FP16 和 FP32 的精度低，但它可以显著减少内存和带宽的使用，是下一代 AI 模型训练的热点方向之一。DeepGEMM 将 FP8 引入 GEMM 内核，使计算速度加快、内存占用降低，非常适合训练大模型。

2. 极简设计，高效实现

DeepGEMM 的核心代码只有大约 300 行，在实现上避免了对 cUTLASS、cuBLAS 等重量级库的依赖，而使用了一个经过精心优化的核函数，并通过即时编译技术在运行时生成优化指令。这种类似“编译器”的行为使 DeepGEMM 可以针对不同的硬件进行动态优化，并保持代码简洁，方便理解与修改。有开发者形容，使用 DeepGEMM 就像在看一份经过充分注释的教程一样简单。

3. 多布局和 MoE 支持

DeepGEMM 不仅支持标准的密集矩阵乘法（NN、NT 等常用布局），还支持 MoE 特有的两种分组矩阵乘法。这意味着 DeepGEMM 支持 MoE 模型中需要将多个专家权重并行的稀疏矩阵乘法运算。无论是常规的 Transformer 模型，还是有专家分组结构的模型，都能使用 DeepGEMM 来加速。

4. 性能超越人工调优

DeepGEMM 的高效实现使其在绝大多数矩阵规模下的速度超过了专家精心调优的内核。也就是说，即使和英伟达官方高度优化的 cuBLAS 库相比，在 FP8 场景中 DeepGEMM 也表现更优。这对开发者的意义在于，可以直接使用 DeepGEMM，而无须针对各种情况优化内核，实现了开箱即用的高性能。

5. 赋能 DeepSeek 自有模型

DeepGEMM 并非空中楼阁，它已经在 DeepSeek 的大模型训练流水线中得到了实际应用。例如，DeepSeek-V3 和 DeepSeek-R1 模型的训练和推理就采用了 DeepGEMM 加速矩阵计算。在英伟达的 Hopper 架构 GPU 上，DeepGEMM 可以提供超过 1350TFLOPS 的 FP8 算力，这对实际的模型训练是巨大的驱动力，也说明 DeepGEMM 是生产就绪的，经受了实战的考验。

概括来说，DeepGEMM 的目标是成为深度学习矩阵运算的终极解决方案，通过超低精度、极简实现和性能极致优化，为开发者提供统一的高速矩阵乘法“黑箱”。从用户的角度看，

DeepGEMM 就像一款针对矩阵乘法的特殊编译器：输入矩阵，很快得到输出结果，自动完成一系列优化与代码生成。这对需要进行大量线性代数运算的 AI 应用来说意义非凡。

6.4.2　应用场景

DeepGEMM 作为矩阵乘法库，是一个底层组件，可以嵌入各种深度学习训练框架和推理引擎。具体来说，它的适用场景如下。

1. 大模型训练

几乎所有深度学习模型的训练都离不开矩阵乘法。使用 DeepGEMM 替换默认的 GEMM 内核，可以加速训练过程。特别是超大规模模型（如包含数百亿甚至数万亿个参数的模型）计算量巨大，引入 DeepGEMM 后节省的时间会非常可观。例如，在气象预测模型的训练中，借助 DeepGEMM 的 FP8 运算可以快速处理海量的矩阵计算，从而更及时地更新模型。对追求效率的科研项目而言，这是极具吸引力的。

2. 推理加速

DeepGEMM 在模型推理中也可以发挥作用。如果将模型权重压缩为以 FP8 表示（可能需要在训练时配合校准），那么在推理时使用 DeepGEMM FP8 内核可以大幅提升每秒查询量。例如，在推荐系统、图像识别等需要高吞吐的推理任务中，DeepGEMM 可以减少所需服务器数量或提供更快的响应速度，这对构建高性能的推理服务器集群、降低部署成本很有帮助。

3. 学术研究与教学

DeepGEMM 的简洁实现和出色性能使其成为底层优化的极好案例。高校和研究机构可以借鉴它来学习 GPU 编程和优化技巧，甚至以它为基础进行新的尝试（如 INT8 GEMM、混合精度 GEMM 等）。研究人员也可以更方便地将它作为对比基准，验证新的想法。例如，一个研究细粒度量化的团队可以将他们的方法融入 DeepGEMM 框架，对性能改进效果进行测试。

4. 行业应用集成

对于一些对计算性能要求极高的软件，如 MATLAB、OpenBLAS、分布式数据库（需要矩阵计算的部分）等，DeepGEMM 也有潜在应用价值。如果将其封装为标准的 BLAS 接口库，那么各种需要矩阵运算的应用程序都可以使用它。例如，在金融工程的大型矩阵风险分析中，调用 DeepGEMM 内核能更快地完成模拟计算。

值得注意的是，DeepGEMM 尤其适用于使用英伟达 GPU 环境（因为其优化的针对性很强）。目前，在 AMD GPU 或其他加速器上可能无法直接利用 DeepGEMM 的全部性能优势。不过，随着 AMD 等推出类似于 FP8 支持的架构，DeepGEMM 的思路也可以移植。

6.4.3 技术剖析

1. FP8 低精度支持

DeepGEMM 最大的特色在于从架构设计上优先为 FP8 服务。传统的 GEMM 库主要优化 FP16 和 FP32，而 DeepGEMM 针对 FP8 的特殊性进行了优化。例如，考虑到 GPU Tensor 核心进行 FP8 计算时累加精度不高，DeepGEMM 引入 CUDA 核心的两级累加策略以提高精度。简单来说，就是在 FP8 乘法后，不直接使用 FP8 累加，而是提升部分中间结果的精度后再累加，兼顾精度与速度。这是一种精妙的折中，使 FP8 计算的误差得到控制。

DeepGEMM 使用细粒度缩放因子为不同矩阵块动态调整数值范围，借鉴了 DeepSeek-V3 论文中的方案，将 FP8 的适用性扩展到更多场景。

通过这些技术，DeepGEMM 实现了“效率不减，精度可控”的 FP8 GEMM，大幅减少了内存占用。

2. 极简核心实现

DeepGEMM 的开发者在说明文档中明确提到，其只有一个核心函数，以简单易懂的 CUDA C++ 实现运算逻辑。这种“简约而不简单”的架构有以下好处。

◎ 易读、易维护：研究人员和工程师可以方便地阅读源码，理解其中的每一步优化，包括如何做分块、如何调度线程等。这是高度模板化的库难以做到的。

◎ 编译开销小：模板和宏的减少，意味着编译速度更快，以及产生的二进制数据体积更小、兼容性更好。

◎ 优化灵活：开发者可以直观地基于此实现进行改进，如针对新硬件稍作调整，而不必深入理解大量模板参数。这种架构使 DeepGEMM 的社区贡献门槛降低了。

3. 即时编译

DeepGEMM 不是预先编译好所有可能配置的内核，而是利用即时编译机制在运行时生成最佳内核。例如，根据矩阵大小、FP8 尺度等参数，即时编译机制会即时优化指令顺序和寄存器分配。这类似于在不同输入下动态“编译”出最优代码，以确保每次计算都能发挥硬件的极致性能。

事实上，在安装 DeepGEMM 时，不需要进行特殊编译，因为它在每次调用时由 PyTorch 的即时编译机制进行编译。这种思路类似于现代 JavaScript 的即时编译引擎对代码的优化方式，只不过对象换成了矩阵运算。这赋予了 DeepGEMM 面向不同场景自适应优化的能力。

（1）内存布局与分组支持

DeepGEMM 支持多种矩阵存储布局，除了标准的稠密矩阵（A 是否转置、B 是否转置），还特别支持 MoE 分组 GEMM。具体而言，MoE 有时需要对多个小矩阵（专家权重）并行进行乘法运算，DeepGEMM 提供了掩码分组 GEMM 内核，可以在一次调用中完成一组矩阵的乘法运算（通过掩码跳过无效部分）。

DeepSeek 提示，可以将 DeepGEMM 与 DeepEP 的低延迟内核结合使用，即 DeepEP 传来的多个专家数据可直接输入 DeepGEMM 的分组乘法内核进行处理，从而实现流水化执行。这展示了 DeepSeek 各优化组件之间的联动：DeepEP 和 DeepGEMM 联动，使 MoE 的通信和计算更高效。这种针对 MoE 的架构设计，使 DeepGEMM 在 MoE 模型训练中更加游刃有余，而一般的 GEMM 库难以直接应对这种场景。

（2）性能调优细节

在 DeepGEMM 的说明文档中提及了一些有趣的性能调优细节。例如，在 CUDA 12.2 和 CUDA 12.3 中，CUTLASS 的 FP8 内核性能有变化。通过对比 SASS（汇编），开发者发现了一处 FADD 指令的特有模式，进而调整实现以利用这个差异。

这些细节说明 DeepGEMM 的开发者对英伟达 GPU 指令级优化做了深入研究，采取了许多低层次技巧来实现极致性能，如重叠 MMA 指令与 FFMA 指令等。这些精雕细琢的优化让 DeepGEMM 在硬件上的表现十分亮眼。

6.4.4 影响与展望

1. 对行业的影响

DeepGEMM 的问世和开源对 AI 基础软件栈有不小的影响。

首先，DeepGEMM 填补了超低精度矩阵运算库的空白。在此之前，虽然有一些学术研究涉及 FP8，但业界缺乏一个成熟的 FP8 GEMM 实现。DeepGEMM 通过实际性能证明了 FP8 的可行性，这将鼓励更多框架和硬件支持 FP8。可以预见，FP8 甚至更低精度（如 INT4）的计算将更多地被采用，DeepGEMM 则扮演了探路者的角色。

其次，DeepGEMM 展示了代码简洁性与高性能并不矛盾。过去，很多人觉得极致性能需要通过复杂的模板元编程代码实现，而 DeepGEMM 的出现刷新了人们的认知。这可能对编程范式产生一些影响：更多的开发者开始重视即时优化在科学计算中的应用，以动态生成而不是静态生成的方式提高性能。这也让社区反思：一些过于复杂的库的设计是否有简化空间，毕竟维护上百万行高度模板化的代码成本极高，而 DeepGEMM 的这种简洁实现或许是一个新方向。

最后，DeepGEMM 为开发者社区提供了新起点，爱好者和专家都可以基于它进行二次开发。可能有人会为 AMD GPU 编写 DeepGEMM 变体，或者在 CPU 上仿照其思路实现 FP8 加速，甚至扩展到卷积运算等（卷积也可转换为 GEMM）。DeepGEMM 可能引发小范围的开源优化风潮，从而推动整个计算优化技术的进步。

2. 对 DeepSeek 的意义

DeepGEMM 的发布凸显了 DeepSeek 在基础软件架构方面的雄心，加上 FlashMLA 和 DeepEP，形成了从计算、通信到存储的优化组件链条。DeepSeek 通过开源这些组件，构建了自身 AI 基础设施生态的雏形。如果这些组件得到广泛使用，那么 DeepSeek 有望成为 AI 基础工具的主要贡献者和引领者。

从行业竞争的角度看，中国的 AI 公司 DeepSeek 开源 DeepGEMM，相当于向国外巨头展示实力。特别是在中美科技博弈的大背景下，DeepSeek 以开源形式发布关键技术，一方面规避了纯商业化带来的监管阻碍，另一方面在全球开发者社区中建立了技术影响力。有分析指出，在美国陷于法规讨论之际，中国的 DeepSeek 等公司正通过开源策略获得全球 AI 社区的认可，这将为中国 AI 产业争取更大的话语权和主动权。

3. 未来展望

未来，我们可能会看到 DeepGEMM 融入深度学习框架，PyTorch 或 TensorFlow 将其作为后端。DeepSeek 也许会继续改进 DeepGEMM，如加入混合精度模式、支持特定模式的 GEMM 等，使其更加完善。总之，DeepGEMM 作为 AI 算法与算力结合的结晶，应用前景广阔，有望在未来相当长一段时间内持续发挥影响力，成为 AI 算法工程师工具箱中的利器。

6.5 DualPipe 与 EPLB：集群并行计算优化

在大模型分布式训练方面，DeepSeek 一口气发布了 DualPipe 和 EPLB 两个项目，目标是解决训练中的并行调度和负载均衡问题，如图 6-5 所示。DeepSeek 官方把它们称作并行计算的“黄金搭档”：DualPipe 协调计算与通信，EPLB 平衡专家负载，让成百上千的 GPU 协同高效运转。

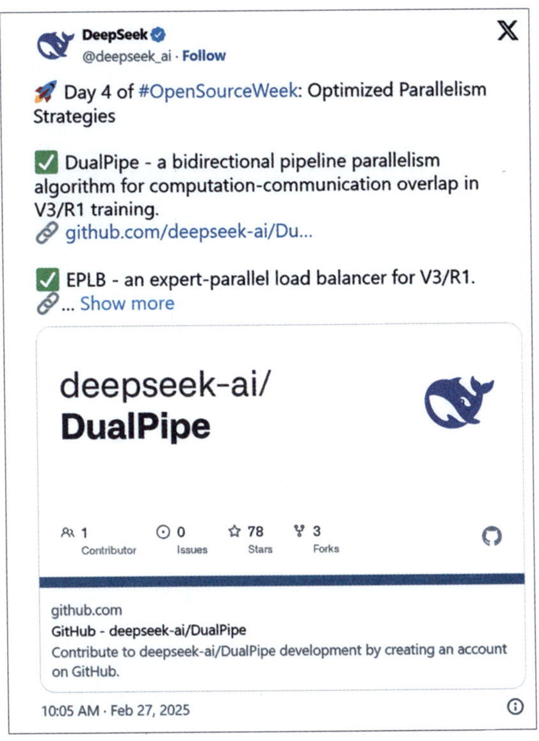

图 6-5　DualPipe 和 EPLB 的界面

由于 DualPipe 和 EPLB 在功能上密切相关，因此将它们合并介绍。DualPipe 专注于流水线并行训练中的效率提升，EPLB 则专注于 MoE 中的专家负载均衡，它们的共同目标是最大化硬件利用率，减少资源浪费，从而用更少的硬件达到同等甚至更好的训练效果。

6.5.1 项目特点

1. DualPipe 的特点

在大模型训练领域，DualPipe 以其卓越的性能优势，为科研与产品迭代带来了前所未有的变革。

在训练时间方面，DualPipe 展现出惊人的效率提升。传统的流水线并行存在明显的前反向运行间隙，而 DualPipe 通过创新设计，几乎实现了前反向 100% 重叠，使训练步骤大幅减少（接近传统方法的一半）。对那些因模型规模过大而无法单卡存放、必须采用流水线并行的大模型而言，DualPipe 显著提升了训练的吞吐率。这意味着，在相同的迭代次数下，训练总时间几乎可以减半。这无疑为科研项目的快速推进和产品的高效迭代提供了有力支持。

从硬件资源利用的角度看，DualPipe 堪称优化典范。在传统的训练模式中，GPU 经常会出现长时间的闲置状态，导致资源浪费。DualPipe 能够让 GPU 保持高效运转，使平均利用率接近满载状态。假设以往某训练任务需要 8 块 GPU 才能勉强达到所需的吞吐率，在 DualPipe 的助力下，仅需 4 块 GPU 就能实现同样的效果（因为每块 GPU 的运行效率实现了翻倍）。这一显著变化直接降低了对硬件的需求，无论是依赖云 GPU 租赁的团队，还是自购服务器的企业，DualPipe 都能帮助其节省大量的成本。这些团队或企业也可以将释放出来的算力资源投入其他任务，进一步提高资源的利用效率。

在训练稳定性方面，DualPipe 也有着出色的表现。传统的流水线并行由于存在“bubble”（填充与排空流水线）现象，常常会导致训练过程不稳定。例如，在处理最后几个微批次时，可能会出现梯度聚合不完全等问题。DualPipe 通过消除“bubble”现象，使整个流水线处于稳定的运行状态。从训练的第二轮开始，每块 GPU 持续执行任务，避免了因任务间隙导致的资源浪费和运行不稳定等问题。这种稳定的运行状态不仅有助于降低显存峰值（在“bubble”状态下，某些 GPU 可能会累积大量激活数据，占用大量显存），还能减少负载不平衡带来的问题。最终，训练曲线会更加平滑地收敛，负载突变引发错误的概率也会降低，训练过程更加可靠。

在技术集成方面，DualPipe 充分考虑了用户的使用体验。它提供了简洁易用的 PyTorch

接口，即使开发者对并行原理不够精通，也能轻松上手。用户只需掌握 DualPipe 的使用范式，就可以将其应用到自己的模型训练中，而无须自行实现复杂的双向通信调度。这种低门槛的设计极大地促进了先进流水线并行算法的推广，让更多的科研团队和企业能够受益于 DualPipe 带来的技术优势。

综上所述，DualPipe 在大模型训练方面从多个维度实现了重大突破，为大模型的发展提供了强大的技术支撑，具有广阔的应用前景和巨大的商业价值。

2. EPLB 的特点

在现代大模型训练的复杂生态中，高效、稳定且低成本的训练方案是科研和产业界共同追求的目标。弹性流水线负载均衡（EPLB）技术凭借在多个方面的卓越表现，成为提升 MoE 模型性能的关键利器，其与 DualPipe 结合后，能带来惊人的综合效益。

（1）最大化 MoE 模型的性能

传统的 MoE 模型训练常因专家负载不平衡问题导致算力浪费，出现部分 GPU 满载运行、部分 GPU 闲置的极端情况。EPLB 技术成功解决了这一难题，它能够让所有 GPU 较为均匀地分担负载，使 MoE 模型在扩展到更多专家时依然能高效运行，避免了效率崩塌问题。特别是对拥有上千个专家的超大规模 MoE 模型言而，EPLB 是确保其可扩展性的核心因素。

（2）动态适应负载变化

在训练过程中，数据分布并非一成不变，不同阶段的专家负载也会有波动。EPLB 采用迭代的方式，每隔一段时间就根据新的负载统计数据重新平衡专家副本。这种类似于自动调优（Autotuning）的机制，能够实时跟踪最优配置，确保系统始终适应负载变化。在工业界的大规模部署场景中，实时流数据的特性会不断改变专家的热门程度，EPLB 的动态负载均衡能力使系统能够根据实际需求灵活调整，保持高效运行。

（3）降低通信开销

虽然增加冗余专家会带来一定的同步和存储成本，但 EPLB 通过合理的专家放置策略（如将同组专家放置在同一节点），避免了不必要的跨节点通信。同时，负载达到平衡后，每个专家处理的数据量减少，热点专家需要大量发送和接收数据的情况得到改善，从而降低了通信总量。在整体上，通信变得更加均匀、可控。

（4）扩展 MoE 模型的规模

EPLB 为 MoE 模型的大规模部署提供了有力支持。在没有 EPLB 的情况下，由于负载不平衡，即使有大量的 GPU 资源，也无法充分发挥其效能。例如，一个拥有 512 个专家的模型存在严重的负载不平衡问题，100 块 GPU 中只有一半能够真正参与有效计算；使用 EPLB 后，可以扩展到上千个专家，并充分利用这 100 块 GPU。这意味着研究人员和开发者可以尝试构建专家更多、容量更大的模型，充分发挥 MoE 架构"专家越多越好"的优势。

（5）兼容现有 MoE 实现

EPLB 的设计具有高度的兼容性，它主要负责计算专家的放置方案（通过现有 MoE 架构，如 FairSeq MoE 或 DeepSpeed MoE 的专家并行实现）。这种无侵入的设计使 EPLB 可以轻松地被添加到任何采用专家并行的训练过程中，用户只需在合适的时机调用 rebalance_experts 函数并重新映射专家参数。此外，EPLB 可以与其他并行算法（如 DeepEP 通信、ZeRO 优化等）配合使用，组成完整的训练解决方案。

（6）DualPipe 与 EPLB 结合

DualPipe 技术在大模型训练中已经展现出显著的优势，它通过实现前反向的高度重叠，大幅缩短了训练时间，让训练过程更加高效。EPLB 则专注于提升硬件利用率，通过优化负载均衡和降低通信开销，减少了对硬件资源的需求。当 DualPipe 和 EPLB 结合使用时，它们的优势相互补充，省时又省钱。在当前大模型训练成本居高不下的背景下，这种组合能够显著降低训练成本，提高训练效率，对科研和产业发展有巨大的推动作用。

6.5.2 技术剖析

1. DualPipe：双向流水线并行的创新

DualPipe 主要针对流水线并行训练中的效率问题。传统流水线并行就像接力赛，前面的选手没跑完，后面的选手就得等着，导致 GPU 闲置，效率低下。DualPipe 的双向流水线并行算法就好比让接力赛的选手们不仅能向前跑，还能同时向后传递接力棒，即让前反向计算与通信完全重叠。

（1）双向流水线调度

一般的流水线并行是将模型划分为多段，每段在不同的 GPU 上顺序执行，如 GPU1 负责层 1 ~ 层 10，GPU2 负责层 11 ~ 层 20 等。但是，每个设备要等前面的设备完成一个批次的前向传播才能开始执行，反向传播也是串行的，这产生了等待。

DualPipe 引入反向微批次并行的概念：在正向传播流水线还没完成时，就启动反向传播。它将微批次分成两组，一组为前向传播，另一组为反向传播，从而在流水线中对撞。通过复杂的调度安排，DualPipe 实现了理想情况下的前向传播和反向传播完全重叠。DeepSeek-V3 技术报告对这个调度算法进行了详细的阐述，提供了划分微批次及时序安排的策略（在说明文档中有调度示意图）。DualPipe 的本质是让流水线两端同时工作，中间仅有很短的同步时间，从而消除大部分等待周期。

通过双向调度，DualPipe 几乎消除了流水线中的"bubble"现象。传统的 1F1B 流水线在迭代的开头和结尾有长时间的"bubble"，DualPipe 的调度让其持续时间大幅缩短。另外，由于反向传播和前向传播可以同时进行，DualPipe 将吞吐量提高了近 2 倍（在理想情况下，前反向重叠意味着效率提高 1.8 倍左右，这里考虑了一些调度开销）。总之，双向调度的核心就是时间复用：前向传播与反向传播不再串行，而是并行推进，硬件利用率随之大幅提高。

（2）跨节点通信重叠

DualPipe 解决了跨节点通信瓶颈问题。当模型并行横跨多机时，不可避免地需要在节点间传递激活参数和梯度。DualPipe 的方法是将这些通信纳入双向流水线机制，让通信与计算同时进行。也就是说，GPU 在计算下一层任务的同时，通过网络发送上一层的梯度和激活参数，让通信时间"隐藏"在计算时间里，不增加总时长。DualPipe 搭配 DeepEP 通信库使用时，这种重叠效果更加明显，因为 DeepEP 本身也支持通信与计算并行（通过 hook）。因此，在大规模多机环境下，DualPipe 确保了跨机器的流水线高效运行，不会因网络慢而拖累训练。

（3）与 PyTorch 深度集成

DualPipe 提供了基于 PyTorch 的实现，通过一个自定义的 overlapped_forward_backward 方法将双向调度融入训练循环。用户需要根据自己的模型定义这个前反向交织的方法。DualPipe 随代码提供了一个例子 example.py 来展示其使用方法。这种设计使 DualPipe 能兼容现有训练代码：开发者不必推翻训练流程，只需使用 DualPipe 提供的封装层来包装模型并定义重叠策略，就可以享受双向并行带来的好处。这降低了使用门槛，也为调试和改进调度策略提供了便利。

2. EPLB：智能均衡专家负载

EPLB 专注于解决 MoE 并行中的负载不平衡问题。在传统的 MoE 训练过程中，有的专家很忙，对应的 GPU 超负荷运转；有的专家很闲，对应的 GPU 闲置。EPLB 就像一个智能的“资源调配员”，通过冗余专家策略，给忙碌的专家增加副本以分摊压力，通过启发式算法决定副本的放置位置，让所有 GPU 的负载尽量均衡。

（1）冗余专家策略

EPLB 需要先估计每个专家的负载（如每轮有多少个 token 被路由到该专家），这可以通过统计历史的移动平均值来预测。然后，EPLB 会决定给哪些专家增加副本，以及增加副本的数量（这是 DeepSeek-V3 的论文采用的策略）。虽然增加副本能线性降低单个专家的负载，但是副本过多会增加通信和调度的复杂度，因此需要折中。EPLB 可根据预估的负载和集群资源，合理地选择给哪些专家增加多少副本，以实现负载均衡的目标。

（2）分组感知的放置算法

MoE 模型通常将专家划分成组，每个输入只激活某组内的部分专家。DeepSeek-V3 使用了组限制专家路由（Group-Limited Routing）。EPLB 利用这一点，在放置副本时尽可能将同组的专家放在同一个节点，使组内通信不出节点，从而降低跨节点的通信流量。这体现了一种层次化的负载均衡策略：如果节点数量和专家组数量匹配，那么 EPLB 先在节点层面均衡分配专家组，再在节点内复制专家，以均衡 GPU 负载（称为分层负载均衡策略，用于预填充阶段）。若组和节点无法对应，则采用全局负载均衡策略（用于解码阶段）。层次化的负载均衡策略确保了无论专家组和集群结构关系如何，都能最大化利用本地资源减少通信，同时达到负载均衡。

（3）启发式打包算法

一旦决定了需要多少个副本及副本的分组放置方案，EPLB 就要为每个 GPU 分配专家（原始专家或专家副本）。它采用了一种贪心启发式打包算法，将专家或专家副本打包到各 GPU，使每个 GPU 的总负载相近。这一过程类似于装箱问题，通常采用启发式方法。EPLB 封装的主函数 eplb.rebalance_experts 负责执行上述运算，输出映射关系 hy2log（物理 GPU 到逻辑专家的映射）、log2phy（逻辑专家到物理 GPU 的映射）等。开发者可以据此初始化模型中的专家参数分配方案，将复制的专家加载到正确的 GPU 上，继续训练。

（4）接口与示例

EPLB 提供了简单的 Python 接口，如 eplb.rebalance_experts(weight, num_replicas, num_groups, num_nodes, num_gpus)，传入当前专家负载矩阵和集群配置，即可得到副本的分配方案。说明文档中给出了一个两层 MoE 架构（每层包括 12 个专家、4 个冗余专家、2 个节点，共 8 个 GPU）的示例来演示调用结果。这个例子有助于用户理解 EPLB 的使用方法和输出规则。方案生成后，训练框架需要据此重新映射专家。如果配合 DeepEP 等通信库，则新的专家映射也能自动生效，从而让“边训练，边平衡”成为可能。

6.5.3　影响与展望

1. 大模型训练的变革

DualPipe 和 EPLB 的结合，给大模型训练带来了前所未有的变革。

在训练时间上，DualPipe 大幅缩短了训练周期，让原本需要一个月的训练任务缩短到两周以内。在硬件资源利用上，DualPipe 显著提高了 GPU 的利用率，降低了对硬件的需求，节省了成本。在训练稳定性上，DualPipe 消除了传统流水线并行的“bubble”现象，让训练过程更加稳定、可靠。

EPLB 最大化 MoE 模型的性能，通过动态适应负载变化、降低通信开销、扩展模型规模等方式，让 MoE 模型在大规模训练中更加高效。

DualPipe 和 EPLB 形成了“省时又省钱”的黄金组合，为大模型的科研和产业发展提供了强大的技术支持。

2. 开源带来的深远影响

DualPipe 和 EPLB 的开源，挑战了研究人员对并行计算瓶颈的传统认知，激发了更多后续研究。它们有望被整合到主流深度学习框架中，让普通用户也能轻松受益，从而降低整个行业的训练成本。同时，它们促使企业和科研机构重新审视硬件规划，推动硬件厂商提供更友好的通信和调度支持。

此外，DeepSeek 通过开源这两个项目，树立了开源促进 AI 发展的典范，完善了自身的生态系统，强化了其在行业内的影响力。未来，DualPipe 可能会激发更多关于流水线并行的研究，EPLB 则有望扩展成更通用的分布式负载均衡平台。

总之，DualPipe 和 EPLB 的出现，为大模型的训练提供了全新的思路和方法。在开源社区和 DeepSeek 公司的推动下，大模型的训练效率将不断提升，“用更少的 GPU 训练更大的模型”将成为行业的常态。

6.6 3FS：为 AI 加速

在“开源周”的最后一天，DeepSeek 给我们带来了一个“大杀器”——3FS，也就是 Fire-Flyer File System。这是一个专门为大模型训练和大数据处理设计的高性能并行分布式存储系统。

对经常处理 TB 级乃至 PB 级数据的训练任务来说，传统的通用存储系统（如 NFS、Lustre）往往难以提供足够高的吞吐量和足够低的延迟，I/O 变成训练流水线中的慢节点。3FS 正是在此背景下诞生的，它旨在通过数据的分布式并行存储与访问，为大模型提供如内存般快速的数据读写能力，同时保持良好的可扩展性和可靠性。

6.6.1 项目特点

3FS 的主要特点和优势体现在以下几个方面。

1. 极致的存储性能

3FS 针对 AI 顺序读取场景实现了业内顶尖的性能。在大规模集群下，3FS 实现了 6.6TiB/s 的聚合读带宽——相当于每秒读取近 7000GB 的数据。与之相比，传统分布式存储系统的读带宽很难超过百 GB/s 量级。如此高的吞吐量确保了即使成千上万个 GPU 并行训练，都能被及时“喂饱”数据。此外，IOPS 提升 4 倍和延迟降低 70% 也说明 3FS 能兼顾小文件、随机读写和低延迟需求。在那些受 I/O 限制的任务（如小文件众多的数据集加载）上，3FS 能够突破性能瓶颈。

2. 显著缩短训练时间

有了 3FS，训练时的数据准备将不再拖慢整体速度。过去，许多大模型的训练要使用异步加载、数据复制等技巧，就是为了规避 I/O 速度慢的问题，而 3FS 让这些复杂的手段不再必要。实验表明，DeepSeek 使用 3FS 后，H800 集群的有效算力相当于 H100 的 85%，而成本仅为 H100 的 30%，其中很重要的原因是存储性能的提升使 GPU 的闲置减少。这意味着，模型可以用更大的批次、更高的速度进行迭代，以实现更快的收敛。

3. 提升大数据处理效率

3FS 不仅服务于 AI，在大数据分析（如 GraySort 基准）中也表现优异。对于企业的数据仓库、日志处理等应用场景，它也能提供强劲的支持。相比于传统 HDFS 生态的复杂调优，3FS 更易用、更高效。3FS 以一套系统兼顾大模型训练和数据处理需求，减少了企业部署系统的种类，提高了使用效率和系统一致性。

4. 硬件利用率最大化

通过 3FS，昂贵的 SSD 阵列和高速网络的价值能得到充分发挥。很多企业采购了 NVMe 或 IB，却难以利用峰值性能。3FS 则实现了接近理论值的表现，提高了总拥有成本（TCO）的性价比。换言之，SSD + IB 搭配 3FS，可实现比搭配传统方案高数倍的 I/O 能力，相当于节省了硬件资源或者提高了效率。

5. 热数据缓存与分层

3FS 内建的冷热数据分层机制可以极大优化访问局部性问题。大模型在训练过程中通常会多次遍历相同的数据集。3FS 将需要经常访问的数据段自动缓存在内存甚至 GPU 显存（未来可能支持 GPU 直存）中，使后续访问几乎没有延迟。这种智能缓存相当于在一定程度上融合了内存文件系统的优点，开发者不需要手动管理缓存，系统会自动提升热点数据的访问速度。另外，冷数据仍存储在低成本介质上，兼顾了性能与成本。

6. 开源与开放

3FS 是开源的（MIT 许可）并提供了文档和使用指南，这对研究存储系统或需要定制方案的使用者非常有利。社区可以针对自己的场景对 3FS 做二次开发，如增加容错策略、与云存储接口对接等。3FS 的开放，也有利于其成为行业标准的一部分。如果有大量 AI 项目采用 3FS，则将给传统存储市场带来冲击，同时巩固 DeepSeek 在开源生态中的地位。

3FS 的可扩展性和易用性也很出色，能轻松扩展到海量节点，性能线性增长，而且为上层应用提供了类似于 POSIX 或对象存储风格的接口。用户不用对现有代码进行大幅修改，就能将其应用迁移到 3FS 上运行。

6.6.2 应用场景

3FS 作为极具创新性的存储解决方案，在众多数据密集型计算场景中展现出卓越的适用性与强大的性能优势，能够显著提升各类应用的数据处理效率与运行效果。

1. 深度学习训练数据存储

深度学习模型在训练过程中，需要读取海量的训练数据（如图像、文本、视频等），I/O 瓶颈经常成为制约训练效率的关键因素。3FS 将此作为首要目标场景，无论是单机多卡训练，还是集群多机的分布式训练，直接从 3FS 读取数据都能实现最佳性能。以 ImageNet、LAION 及各类巨量语料库的训练项目为例，以往 I/O 操作频繁导致训练效率低下，而 3FS 的出现几乎消除了这一瓶颈。在分布式训练中，3FS 分布式共享存储的特性也发挥了巨大优势，无须在每台机器上存储完整的数据集拷贝，大幅节省了存储空间，同时缩短了数据准备时间，为深度学习训练提供了高效的数据管理与读取支持。

2. 大型模型推理服务

大型模型的推理阶段同样存在大量的数据访问需求。例如，在批量推理测试数据，或者对外提供搜索、推荐等需要随机访问海量嵌入（embedding）或索引的服务时，确保高并发下的稳定低延迟响应至关重要。3FS 在这类场景中表现出色。例如，将其用于存储向量数据库或 embedding 表，能够使上万个并发查询迅速取回 embedding。再如，对于大模型的 KV Cache，3FS 针对其推理场景下的特定存储需求，提供了精准有效的解决方案，有力保障了大模型推理服务的高效运行。

3. 数据分析和 ETL

对于 Spark、Hive 等大数据处理框架，底层存储的性能直接影响 MapReduce、Join 等的执行效率。3FS 凭借其出色的性能，能够直接作为这些框架的底层存储，大幅提升数据处理速度。GraySort 测试已经充分证明 3FS 在排序、shuffle 等操作上的强大实力。在金融分析、日志处理、机器学习特征工程等批处理任务中，尤其在那些需要频繁扫描全量数据的作业中，3FS 极高的顺序读取性能优势尽显。例如，一个需要每天运行的日志聚合任务迁移到 3FS 后，其 I/O 时间从小时级大幅缩短至分钟级，极大地提高了数据分析和 ETL 的整体效率。

4. 高性能计算

部分高性能计算（HPC）应用属于 I/O 密集型任务，如流体力学模拟，其每一步计算都会输出大量的数据检查点。如果存储系统与数据读写速度不匹配，计算节点就会处于等待状态，严重影响计算效率。3FS 能够应用于 HPC 集群，构建统一的并行存储系统，实现模拟数据的快速写入，确保计算过程的连续性。此外，对于基因测序等需要并行读写海量小文件的任务，3FS 的高 IOPS 特性也能发挥重要作用，为科学计算提供高效的数据存储与访问服务。尽管 3FS 是针对 AI 场景进行优化设计的，但它的高吞吐、高并发能力在许多科学计算场景中同样具有极高的价值。

5. 游戏与渲染

在大型游戏服务和场景渲染中，需要处理大量素材、贴图等资源的并行读取任务。3FS 可用于搭建游戏内容分发存储系统，保证多名玩家同时加载地图资源时不会出现卡顿现象，为玩家提供流畅的游戏体验。在渲染场景中，3FS 支持多台渲染服务器同时读取超高清素材，并高效存储中间结果，从而显著缩短渲染时间。这类场景本质上与大模型训练相似，涉及大文件的并行读写操作。3FS 凭借其强大的性能，能够很好地满足游戏与渲染领域的数据存储与读取需求。

综上所述，在任何需要高性能分布式文件存储的领域，3FS 都是极具竞争力的选择。特别是当数据规模增长至数十 TB 甚至更大时，3FS 的优势愈发显著。在 AI 领域，3FS 更是扮演着“深度学习的数据基座”这一关键角色，紧密连接模型与数据，为数据的高效供应提供动力，推动 AI 技术不断发展。

6.6.3 技术剖析

3FS 作为卓越的存储解决方案，在存储架构、硬件优化、集群设计等多个维度展现出独特的优势，为大模型训练及大数据处理提供了坚实的基础。

1. 并行存储系统架构

区别于传统的集中式文件服务器，3FS 采用共享无单点（shared-nothing）架构，将数据切分后存储于多个节点。每个节点兼具存储与服务的功能，可以看作独立的存储“分片”。当客户端对 3FS 发起请求时，多个节点协同响应。以读取大文件为例，请求会被并行分发至不同的节点，各节点分别处理其负责的文件（这种设计理念与 Hadoop HDFS、Ceph 等相似）。3FS 针对 AI 场景中频繁的顺序读操作进行了深度优化，减少了寻址元数据的开销及不必要的同步过程，通过全局元数据服务或去中心化算法精准跟踪文件块，确保在集群扩容时数据和负载能够均衡分布。3FS 的架构聚焦于并行与分布式，以此实现性能的线性扩展，满足不断增长的存储与处理需求。

2. 现代硬件深度优化

（1）SSD 优化：挖掘 NVMe SSD 的极致性能

传统的存储系统在 SSD 的优化上存在局限。3FS 则另辟蹊径，通过精心优化 I/O 调度算法、减少随机写操作、合并 I/O 请求、采用异步 I/O 技术，充分挖掘了 NVMe SSD 的潜力。官方数据显示，3FS 的单节点 IOPS 提升了 4 倍（相较于标准 Ext4 或 XFS on SSD）。这充分表明，3FS 针对 SSD 进行了“榨取带宽”的特殊处理，让 SSD 的性能得以充分释放。

（2）RDMA 网络：加速数据传输

3FS 运用 RDMA over InfiniBand 网络连接各节点。RDMA 技术允许直接访问内存（绕开内核协议栈），大幅降低了延迟与 CPU 占用率。3FS 基于 RDMA 技术实现数据传输、分布式锁，以及一致性协议，将跨节点的数据传输延迟降低了 70%。即使在拥有 180 个节点的大型集群中，3FS 仍能实现 6.6TiB/s 的高吞吐。这得益于其对网络拓扑和协议的精心设计，每个节点的多块 NIC 能够并行发挥作用。

3. 集群友好设计

3FS 从设计之初就充分考虑大规模集群的同步与一致性问题。虽然 3FS 采用的 Paxos、Raft 等保证元数据一致性的机制尚未完全公开，但它强调跨节点同步的无缝性。在训练中，当所有 GPU 同时迭代遍历数据集时，若一个文件被多个计算节点并行读取，则 3FS 可以确保各节点都能读取最新数据，且不会相互影响。初步的 Benchmark 测试表明，在拥有 180 个节点的环境中，3FS 仍能近乎线性地扩展。

4. GraySort 基准与数据处理

3FS 不仅在大模型训练领域表现出色，对大数据处理也提供了强大的支持。

DeepSeek 将 3FS 与 SmallPond 数据处理框架结合，进行 GraySort 基准测试，在 25 个存储节点与 50 个计算节点的配置下，成功完成对 110.5TiB 数据的排序，用时仅 30 分 14 秒，平均吞吐达 3.66TiB/分，成绩斐然。这一结果证明了 3FS 架构对大规模 I/O 与计算混合任务的卓越支撑能力，不仅数据读取迅速，写入排序结果同样高效。

能达到如此水平，说明 3FS 在并发写和网络 Shuffle 方面进行了优化。SmallPond 借助 3FS 实现分布式 Shuffle 和分区排序，验证了 3FS 处理复杂负载时的可靠性与高性能。

5. KV Cache 模块

3FS 专门集成了 KV Cache 模块，旨在辅助大模型推理。在推理过程中，将生成过程的 KV Cache 存储于外部存储中，以节省 GPU 显存。

KV Cache 在 3FS 上的读峰值可达 40GiB/s，提供了高速且大容量（在 SSD 上可达 TB 级）的外部缓存，对存储大模型长对话的 KV 历史极为实用。将 KV Cache 整合到 3FS 中，体现了 DeepSeek 针对 AI 推理等特殊需求进行的精心设计。未来，模型缓存、embedding 存储等都可借助 3FS 的 KV Cache 模块实现。

6. DuckDB 集成

DeepSeek 提出结合 DuckDB（轻量列式数据库）进行单机分析。3FS 可与 DuckDB 协同完成训练数据的预处理与分析任务，先利用 DuckDB 在单机上分析小样本，再进行大规模分布式处理，以这种上下游一体化的思想构建了端到端解决方案。

3FS 具备简单的 SQL 查询或索引能力，类似于将存储与数据处理融合，进一步提升了效率。未来有望直接在 3FS 上执行过滤、采样等操作，而无须额外拷贝数据集文件，以简化数据处理流程，提升整体效能。

6.6.4 影响与展望

3FS 的出现对 AI 基础设施层面的影响如下。

1. 解除 AI 发展的 I/O 桎梏

AI“算力三要素”是指计算能力（硬件）、存储与宽带（数据吞吐）、软件与算法优化。其中，计算能力和软件与算法优化的进步很快，而存储与带宽总是拖后腿。3FS 有望改变这一局面，把 I/O 性能提升一个量级，让训练更大规模的模型、处理更多的数据成为可能。以往由于读取性能不足，无法使用全量数据进行训练。有了 3FS，就可以大胆进行全量数据训练了。这不仅有望提升模型的效果，还可能间接推动 AI 算法效果的提升。

2. 新型 AI 数据基础设施兴起

3FS 代表了一种趋势，那就是为 AI 定制基础设施，而不是使用通用方案。未来可能会出现更多类似于“AI 加速数据库”“AI 专用操作系统”的概念。3FS 作为存储层的范例，如果取得成功，则会引领行业针对 AI 工作负载打造专用的底层系统，大公司或开源社区也可能会研发自己的系统，从而催生一个活跃的技术生态。

3. 与云服务融合

如果 3FS 表现突出，那么，云厂商可能会在其 AI 云上部署 3FS 或类似技术，提供高性能 I/O 训练服务。这样一来，大模型训练更加平民化，用户即使不搭建自己的存储系统，也能在云上享受 TB/s 级的吞吐，加速 AI as a Service 落地，让更多的小团队能够训练大模型，普惠 AI 创新。

4. 对大数据存储格局的冲击

HDFS、Ceph 等传统存储系统统治大数据存储领域多年，而 3FS 一旦得到广泛应用，就可能分得 AI 和部分数据处理领域的市场份额，逼迫传统存储系统演进或与 3FS 集成。如果 3FS 能发展出稳定的社区版本并被业界采纳，那么它可能成为继 Lustre 之后新一代受欢迎的高性能存储系统。

5. DeepSeek 全栈生态形成

在 DeepSeek 的“开源周”中，5 个项目相继亮相，覆盖了从计算、通信、并行计算到存储的 AI 基础设施关键环节，标志着 DeepSeek 成功构建了一套自主可控的 AI 基础设施技术栈。这套全栈技术不仅提升了 DeepSeek 产品的性能，还为其未来转型成为 AI 基础设施提供商奠定了基础。

展望未来，3FS 有着广阔的发展空间，有望增加更多针对 AI 的特性：在数据管理方面，可能会引入数据版本管理功能，方便训练数据集的迭代更新；在数据检索方面，可能会支持更多的数据索引和查询功能；在运维方面，可能会引入自治运维能力；在数据与计算融合方面，可能会深度融合计算功能，实现数据和算力的无缝对接。总之，3FS 的诞生为数据和算力的融合描绘了一幅美好的蓝图，当存储不再是 AI 发展的瓶颈，AI 算法就能充分吸收数据的养分，茁壮成长。

DeepSeek 通过开源 3FS，将这一强大的能力赋予广大开发者，加速了自身在 AGI 领域的探索进程，也为 AI 科研和产业界带来了福祉。可以预见，在 3FS 等新技术的有力支持下，大模型和大数据的规模将以前所未有的速度攀升至下一个数量级，进而推动 AI 技术实现质的飞跃，为人类社会创造更大的价值。

第 7 章　大模型未来发展展望

7.1　MoE 的未来

MoE 是 DeepSeek-V3 的核心架构之一，它通过稀疏激活的方式，在保持高性能的同时大幅降低了计算资源需求。

DeepSeek 解决了 MoE 存在的诸多问题，如负载不均衡、通信时间长等，并给出了确定专家个数的经验方法，这展现出 MoE 的巨大发展潜力。预计未来在大模型领域会掀起对 MoE 研究的热潮，继续深挖 MoE 的潜力。

7.1.1　专家数量与规模的优化

DeepSeek-V3 已经展示了如何通过增加专家数量和降低单个专家规模来提升模型性能的有效性。未来，MoE 模型可能会继续探索这种优化方向，通过更多的小专家实现更高的稀疏性和更灵活的模型扩展。同时，研究人员可能会进一步优化专家的协作机制，以提高模型的整体性能。

7.1.2　MoE 分布式训练工具进一步完善

随着更多的研究机构和企业投入 MoE 模型的研究，MoE 模型的分布式训练的工具将得到进一步完善。目前，清华大学发布的 FastMoE、FasterMoE、SmartMoE 等一系列分布式训练系统，能够显著提升 MoE 模型的训练速度，并优化模型的训练性能。微软的 DeepSpeed 系统提供了端到端的 MoE 训练和推理解决方案，结合模型压缩等技术，可提供更快、更便宜的 MoE 模型推理服务。未来，类似于 MoE 的分布式训练框架会越来越多，并且越来越完善。

7.1.3 门控算法的改进

DeepSeek 的实践表明，通过改进门控算法或调整训练策略，能有效提升 MoE 模型的稳定性及性能。据报道，目前有许多类似的研究在进行。

AdvMoE 通过算法优化将门控模型和专家模型分开训练，显著提高了 MoE 模型的对抗鲁棒性和整体效率。

普林斯顿大学和 Meta AI 联合提出了一种 Lory 方法。该方法引入了因果分段路由策略和基于相似性的数据批处理技术，根据相似性将输入数据分组，采用因果分段的方式路由，使模型能够高效地处理大规模数据，并提高了专家的专业能力。这种门控算法的改进有助于提升 MoE 模型在多任务学习和大规模数据处理任务中的性能。

7.1.4 跨领域应用与融合

MoE 模型不仅适用于自然语言处理任务，还可以扩展到计算机视觉、多模态学习等领域。通过跨领域的应用和融合，MoE 模型可以更好地利用不同领域的数据和特征，在更广泛的场景中得到应用。例如，在多模态学习中，MoE 模型可以分别处理文本、图像和视频等模态的数据，通过跨模态的专家协作，生成更准确的输出。

7.2 MLA 的未来

在推理阶段，大模型最大的问题是推理时间和序列长度的平方正相关。虽然采用 KV Cache 可以解决这个问题，但这会造成显存占用率过高的瓶颈。因此，这是一个典型的用空间换时间的算法。

MLA 通过压缩技术，大幅减轻了显存压力。未来，MLA 模型可能会进一步优化缓存管理策略，以实现更高效的内存利用。例如，通过引入更精细的缓存压缩技术，可以在不显著影响模型性能的情况下，进一步降低显存占用率。此外，研究人员可能会探索新的缓存更新机制，以更好地适应动态变化的输入数据。

7.3　大模型训练方法的发展趋势

本节分析大模型训练方法的发展趋势。

7.3.1　三阶段训练法的普及

未来的 AI 大模型训练可能会普遍采用三阶段训练法。例如，通过海量数据的预训练（Pre-Training）、序列长度扩展（Sequence Length Expansion）和后训练（Post Training），包括有监督微调、强化学习和知识蒸馏，模型可以更好地学习语言知识和推理能力。这种训练模式不仅提高了模型的性能，还显著降低了训练成本。

7.3.2　混合精度训练的推广

混合精度训练是大模型训练的趋势，能够提高计算速度，降低显存压力，减少通信成本。未来的大模型训练必将更广泛地采用混合精度训练。随着英伟达、AMD 等硬件厂商支持力度的增大，混合精度训练的性能将不断提高，并集成更多自动化的精度调整机制。这方面的研究可能会集中在智能算法上，通过分析不同部分对精度的需求，自动选择最优的精度配置，保持精度和性能的有效平衡。

FP8 等低精度格式的训练会得到进一步发展，主要的发展方向将是找到使 FP8 训练在绝大多数案例下稳定收敛的方法，达到与高精度训练相近的效果。有可能采取更细粒度的规模化配方（Scaling Recipe），如 Block Scaling 和 Per-Channel Scaling，以每个块或每行为一组，分别计算绝对最大值及缩放因子，在保证不出现上溢的前提下，减小下溢的比例。

7.3.3　并行策略的优化

未来的大模型训练会进一步优化并行策略，综合采用流水线并行、张量并行和数据并行等技术，软件与硬件协同，优化并行策略的实现细节（如降低通信开销、提高计算效率），从而进一步提高训练效率。

7.4 推理部署的发展趋势

未来的大模型推理部署可能会在以下两个方面取得进一步发展。

7.4.1 PD 分离模式的普及

DeepSeek-V3 在推理部署中采用了 PD 分离模式，将推理过程分为预填充和解码两个阶段，并分别进行了优化。PD 分离模式不仅提高了推理效率，还降低了显存占用率。未来，PD 分离模式可能会进一步普及，通过引入更多的优化策略和并行机制，进一步提高推理效率并降低成本。

7.4.2 集群化推理的优化与推理加速技术研究

DeepSeek-V3 在推理阶段采用了大规模的 GPU 集群，通过优化集群的通信协议和计算策略，显著提高了推理效率。未来，集群化推理可能会进一步发展，如通过引入更高效的通信协议和计算策略，进一步提高推理效率并降低成本。

DeepSeek-V3 在推理阶段引入了 MTP 预测和双批次运算等加速技术，显著提高了推理速度和吞吐量。未来，这方面的加速策略和优化算法会得到进一步的研究和发展。

7.5 GPU 硬件的未来发展

从 DeepSeek-V3 和 DeepSeek-R1 两款大模型的训练过程，可以窥见 GPU 硬件发展的方向和趋势。

7.5.1 软硬件协同升级

DeepSeek 工程实践的一个突出特点就是模型设计与硬件紧密协同。GPU 硬件厂商也会借鉴这种思路，在硬件设计上迎合大模型的计算需求和特点。例如，英伟达自 Hopper 架构开始引入 Transformer 引擎以提升算法的计算性能，并利用启发式算法实现数据精度动态切换（Blackwell 架构二代 Transformer 引擎已支持 FP8、FP6、FP4 等多种低精数据），在保证性能的前提下降低计算总量；芯片创业公司 Etched 推出仅支持 Transformer 架构的 Sohu 芯片，虽然牺牲了编程能力，但提高了计算速度，推理吞吐量达到 H100 的 20 倍；AMD ROCm 6.2 更新并扩展了专门为大模型设计的 vLLM 库，提升了 Instinct 系列加速器的 AI 推理能力；英伟达参与 FlashAttention 3 注意力算法设计，充分利用 H100 芯片动态 warp 寄存器分配、FP8 精度支持等特性，相当于将 FlashAttention 2 的速度提高了约 2 倍。

7.5.2 存储与通信能力的优化

随着大模型的参数量持续增加、输入和输出数据的长度快速增长，模型参数和计算缓存 KV 值消耗的内存空间呈指数级增长，存储和通信成为主要瓶颈。在芯片单位面积算力接近“天花板”且性能相对过剩的背景下，头部硬件厂商创新升级的重点将从算力向内存、通信转变。例如，AMD 在宣传 MI300X 时已淡化算力色彩，重点突出显存和通信指标；英伟达 B200 的显存容量和显存带宽提升幅度（240% × H100）均超过算力提升幅度（220% × H100@FP16）。

GPU 的通信能力，特别是节点间通信和节点内通信，将得到重点关注。例如，通过引入高效的通信协议和优化算法，可以显著降低通信延迟，提高通信效率。这将为大模型的分布式训练和推理提供更高效的通信支持。

7.5.3 低精度计算的支持

GPU 将更好地支持低精度计算，如 FP8 和 FP16 等。通过引入高效的量化技术和优化算法，可以显著降低计算成本和显存占用率，同时保持较高的计算精度。这将为大模型的混合精度训练和推理提供更有效的支持。

7.5.4 异构计算的支持

未来，CPU 将更好地支持异构计算，并通过与 GPU 等加速器的协同工作，实现更高效的计算。例如，CPU 通过引入高效的异构计算框架和优化算法，可以显著提高计算效率并降低成本。这将为大模型的训练和推理提供更强大的计算支持。

7.6 从 LLaMA 4 看推理模型的发展

DeepSeek-R1 的成功，让研究人员重新梳理增强大模型推理能力的实现方式，不再盲目追随 OpenAI o1 的技术路线，形成了百花齐放的局面，尤其在利用纯强化学习训练模型开展推理方面，会有更多、更深入的研究。例如，Hugging Face 宣布开展 Open-R1 项目，计划填补 DeepSeek-R1 未开源的部分组件的空白（虽然 DeepSeek 使用的权重是已知的，但用于训练模型的数据集和代码是未知的）。

2025 年 4 月 6 日，Meta 推出了全新的开源大模型 LLaMA 4。LLaMA 4 原生的多模态特性引人瞩目，能够无缝处理文本、图像、视频、音频等多种数据，自由地实现不同格式数据的内容转换。LLaMA 4 不仅在性能上取得了显著的突破，还在技术架构上接过了 MoE 模型的接力棒，开启了大模型发展的新篇章。

7.6.1 LLaMA 4 简介

1. 性能评估

（1）语言知识与常识问答

在语言知识与常识问答领域，LLaMA 4 在多个基准测试中取得了优异的成绩。以 MMLU 测试为例，这是一个涵盖 57 个学科的多选问答平台，广泛用于衡量模型的知识广度和推理能力。在 5-shot 设置下，LLaMA 4 Maverick 取得了 85.5 的高分，LLaMA 4 Scout 的得分也达到 79.6。这一成绩超越 LLaMA 3，接近 GPT-4 的水平。在更为严格的 MMLU-Pro 测试中，LLaMA 4 Maverick 得到 62.9 分，LLaMA 4 Scout 得到 58.2 分，显示出 LLaMA 4 在专业知识问答方面的强大实力。在 GPQA Diamond 测试中，LLaMA 4 Maverick 的准确率达到 69.8%，LLaMA 4 Scout 的准确率为 57.2%，相较于前代模型有了显著提升。

这些数据表明，LLaMA 4 在语言知识与常识问答领域已经达到了顶尖水平，能够为用户提供准确、全面的知识解答。

（2）数学和逻辑推理

数学和逻辑推理能力一直是大模型发展的难点。LLaMA 4 在这一领域表现突出。在 MATH Dataset 测试中，LLaMA 4 Maverick 的准确率达到 61.2%，LLaMA 4 Scout 的准确率为

50.3%，相较于前代模型有了显著提升。在 MathVista 测试中，LLaMA 4 Maverick 的 Pass@1 达到 73.7%，LLaMA 4 Scout 的 Pass@1 为 70.7%，显示出其在数学推理方面的强大能力。

这些成绩的取得，得益于在训练过程中引入的大量与数学有关的数据，以及 LLaMA 4 Behemoth 模型的代码 / 算术蒸馏能力。通过知识蒸馏，小模型能够学到超大规模模型在多步推理、复杂算式处理等方面的技巧，从而在数学和逻辑推理能力上实现突破。

（3）编程和代码生成

在编程和代码生成领域，LLaMA 4 展现了卓越的性能。在 MBPP 测试中，LLaMA 4 Maverick 的 Pass@1 达到 77.6%，LLaMA 4 Scout 的 Pass@1 为 67.8%，均超越前代模型。在 LiveCodeBench 测试中，Maverick 的 Pass@1 达到 43.4%，LLaMA 4 Scout 的 Pass@1 为 32.8%，显示出强大的实时编码能力。

LLaMA 4 在编程领域的表现达到了行业顶尖水平，甚至在某些方面已超越 GPT-4。这得益于其在训练过程中引入的大量编程数据，以及精心设计的蒸馏策略。通过知识蒸馏，小模型能够继承超大规模模型的编程能力，在代码生成、翻译等任务上表现出色。

（4）多语言与多模态任务

LLaMA 4 是一个多语言模型，支持多达 200 种语言的训练。在 TydiQA 基准测试中，LLaMA 4 Maverick 的平均 F1 值约为 31.7，LLaMA 4 Scout 的平均 F1 值约为 31.5，显示出 LLaMA 4 在多语言任务上的实力。在多模态任务方面，LLaMA 4 在 MMMU 基准测试中表现出色，LLaMA 4 Maverick 的准确率为 73.4%，LLaMA 4 Scout 的准确率为 69.4%。在具体的视觉问答基准测试（如 ChartQA、DocVQA）中，LLaMA 4 也取得了高分，显示出其在多模态融合方面的强大能力。

LLaMA 4 的多模态能力使其能够处理图像、视频、音频等多种数据，实现不同模态之间的自由转换。这一能力为人工智能开辟了更为广阔的应用前景。

2. 模型版本与参数规模

LLaMA 4 系列已公布了两个主要模型版本：LLaMA 4 Scout 和 LLaMA 4 Maverick。此外，预告了一款正在训练的超大规模模型 LLaMA 4 Behemoth。每个版本在定位和规模上均有独特之处。

（1）LLaMA 4 Scout

LLaMA 4 Scout 被定位为“小尺寸但性能强劲的模型”。其活跃参数量约为 170 亿个，内部包含 16 个专家，总参数量高达 1090 亿个。LLaMA 4 Scout 能在单个 NVIDIA H100 GPU 上顺畅运行（量化到 int4 精度时），展现了超高的计算效率。LLaMA 4 Scout 原生支持多模态，拥有业界领先的超长上下文窗口，能够在满足相对紧凑的计算需求的同时，展现出强大的表达能力。

（2）LLaMA 4 Maverick

LLaMA 4 Maverick 被定位为“同级别中最佳的多模态模型”。其活跃参数量约为 170 亿个，内部包含多达 128 个专家，总参数量高达 4000 亿个。LLaMA 4 Maverick 在多个基准测试中击败了 GPT-4、Gemini 2.0 等强劲对手，在推理和编码能力上接近某些规模更大的最新模型，活跃参数量却不到后者的一半，性价比极佳。

（3）LLaMA 4 Behemoth

LLaMA 4 Behemoth 是一款尚未完全训练完毕的超大规模模型。它拥有 2880 亿个活跃参数，采用 16 个专家，总参数高达 2 万亿个。LLaMA 4 Behemoth 被盛赞为“Meta 迄今最强的模型”，有望在全球顶级通用大模型领域占据一席之地。它在多个 STEM 领域的评估中表现卓越，超越了 GPT-4.5、Claude 3.7、Gemini 2.0 Pro 等模型。LLaMA 4 Behemoth 被定位为“新模型中的教师”，扮演了为规模较小的模型提供指导和蒸馏的关键角色。

7.6.2 LLaMA 4 的核心技术细节

1. 引入 MoE

LLaMA 4 最引人瞩目的革新当属大胆引入了 MoE 架构。简单来讲，过往的 LLaMA 模型使用 Dense 架构，而 LLaMA 4 的创新架构采用 MoE 架构，模型会借助一个路由机制，根据输入的内容，仅选择合适的专家激活部分参数参与计算。Mate 将这一举措誉为一次“彻底的重新设计”，这也标志着 LLaMA 系列模型成功转向 MoE 路线。据相关报道，Meta 内部围绕是否采用 MoE 架构进行了长达一年的激烈讨论，最终他们决定“拥抱 MoE”。这也在一定程度上受到了业界其他领先模型成功实践的启发。

值得注意的是，在 LLaMA 4 的技术文档中，经常会出现两个指标：一个是活跃参数量，另一个是总参数量。活跃参数量是指模型在一次推理过程中实际投入使用的参数数量，总参数量则涵盖模型使用的全部参数的数量。例如，LLaMA 4 的两个主要版本的活跃参数量均约为 170 亿个，但由于二者包含的专家数量存在差异，所以总参数量远超活跃参数量。这彰显了 MoE 架构的强大威力：在不增加单次计算成本的前提下，通过巧妙堆叠更多的专家，成功扩大了模型的容量。MoE 架构的引入，使 LLaMA 4 的效率大幅提升。

2. 原生多模态能力

LLaMA 4 被誉为“原生多模态大模型”，这一称谓蕴含着深刻的技术变革。从架构设计到训练过程，LLaMA 4 与多种数据模态全方位深度交互，并将它们有机地整合起来。这种多模态融合能力大幅扩展了 LLaMA 4 的应用场景，使其能更好地适应现实世界中的复杂任务。

（1）多模态架构设计

LLaMA 4 的多模态能力首先得益于其创新的架构设计。LLaMA 4 采用早期融合（Early Fusion）策略，将不同模态的数据表示在模型的统一骨干架构中融合。具体来说，LLaMA 4 将图像转换为类似图像 token 的向量序列，将音频转换为文本或频谱序列，然后与文本 token 一起输入 Transformer 模型。这种架构使模型从第一层起就能同时处理多种 token，实现了统一的多模态 Transformer。这种架构的优势在于，模型可以在不同模态之间轻松地“跨界”：可以看图生成一段文字描述（从图像到文本），也可以根据一段文字描述生成图像的相关细节（从文本到图像），还可以阅读长篇文章后输出概要（从文本到文本）。

（2）多模态数据的预训练

LLaMA 4 的多模态能力不仅依赖其架构设计，还与其大规模的多模态数据预训练密切相关。在预训练阶段，LLaMA 4 使用包含文本、图片和视频帧的大规模数据。这种多模态数据的混合训练使模型能够学到不同模态之间的关联和交互，从而更好地理解和生成多模态内容。LLaMA 4 的预训练数据来自多种渠道，包括公开可获得的数据、授权的数据，以及 Meta 自有产品和服务中的信息。多样化的数据为模型提供了丰富的多模态学习素材，使其能够更好地适应不同场景下的多模态任务。

目前，开源版本的 LLaMA 4 支持图像和文本双模态，音频和视频并未像图像那样直接作为输入接口开放。后续版本的 LLaMA 4 可能会直接支持音频和视频输入，实现更自然的多模态交互。

3. 超长上下文窗口

在 LLaMA 4 之前，语言模型的上下文窗口长度通常在几千到几万个 token（如 LLaMA 2 的 4000 个 token）。这些模型在处理长文本时会遇到明显的限制：它们需要将长文本分成多个片段，分别处理后再拼接，而这可能导致上下文信息丢失和生成结果不连贯等问题。

LLaMA 4 的一大突破性成就是其上下文窗口长度的大幅增长。iRoPE 架构是一种专门设计用于处理极长序列的位置编码方案，是 LLaMA 4 实现超长上下文窗口的关键。LLaMA 4 Scout 的上下文窗口超过 1000 万个 token，LLaMA 4 Maverick 的上下文窗口约为 100 万个 token。这一成就让整个业界惊叹。

（1）训练过程中的长度外推

在训练过程中，LLaMA 4 的最大序列长度为 25.6 万个 token。然而，通过设计特殊的位置编码方式，模型能够泛化到远超训练长度的序列。这种设计允许模型在推理时处理更长的文本，而不只是在训练时看到的最大长度的文本。

（2）局部注意力与全局注意力的结合

LLaMA 4 在 Transformer 架构中结合使用局部注意力层和全局注意力层。局部注意力层关注相对较短的上下文（如 8000 个 token），并使用旋转位置编码（RoPE）来编码位置。这种设计确保了模型在短上下文环境下具有良好的性能，可以通过并行计算提高效率。

（3）无位置编码的全局注意力

LLaMA 4 采用全局注意力来处理长距离依赖，但不使用任何显式的位置编码。这种设计借鉴了“无位置编码”的思想，让模型自己去推断长序列的关联，从而增强模型的长度外推能力。

（4）推理时的全局注意力温度调整

当序列变得很长时，注意力权重矩阵可能会变得非常“平坦”，导致模型对远距离内容的区分度不足。为了解决这一问题，LLaMA 4 在推理阶段引入了一个全局注意力的温度缩放方案。具体来说，随着位置索引值的增大，对相应的查询向量进行缩放。这种调整增加了模型对远距离位置的注意力权重，提升了模型在长上下文环境下的推理能力。

4. 训练数据与优化策略

LLaMA 4 的预训练数据包括网页文本、图像字幕、书籍、代码等内容，为模型提供了丰富的学习素材。LLaMA 4 采用“轻量 SFT →在线强化学习→轻量 DPO”的训练流程。

（1）轻量 SFT

在模型预训练完成后，对模型进行轻量 SFT。与传统的 SFT 不同，LLaMA 4 的 SFT 过程强调“轻量”，即不过度使用大量简单的训练样本。Meta 让模型早期的检查点充当“批评家”，以过滤大量过于简单的 SFT 训练样本。针对 LLaMA 4 Behemoth 模型，过滤了高达 95% 的 SFT 数据，只保留最有挑战性的 5% 用于微调；针对规模较小的模型，则过滤约 50% 的简单样本。这种自我批判式的数据筛选机制能确保模型将注意力放在困难的、有信息量的案例上，从而避免学习“水题”、浪费容量。

（2）在线强化学习

在线强化学习是 LLaMA 4 优化策略的重要环节。在线强化学习可以理解为持续让模型与一个环境（或模拟用户）交互，不断产生新数据并优化策略。在大语言模型的语境下，这是指让模型与自身或另一个 AI 对话，尝试完成复杂任务，并根据效果的好坏有针对性地进行优化。Meta 侧重使用中等难度到高难度的提示词进行强化学习训练，避免让模型反复学习简单的内容。这种方法能够在不牺牲创造力的前提下提升模型对复杂任务的适应性。强化学习阶段主要提升模型的推理、编码等智能能力，不过多关注聊天礼貌等“表面功夫”。

（3）轻量 DPO

直接偏好优化（DPO）是 LLaMA 4 优化策略的最后一步。DPO 可以看作 RLHF 的替代方案，直接根据人类偏好对模型输出进行优化，但不像传统的 RLHF 那样具有高方差不稳定性。Meta 将 DPO 控制在“点到为止”的程度，即对模型的回答格式和安全性稍加打磨，不过度束缚模型。通过 DPO，模型能在保持智能的同时，更好地适应人类的对话习惯和偏好。

（4）智能超参数调节技术 MetaP

Meta 在 LLaMA 4 的训练过程中使用了一种智能超参数调节技术 MetaP。虽然具体细节尚未公开，但有专家猜测，MetaP 类似于 Meta 开源的 Ax 框架中的贝叶斯优化方法，能在有限的实验预算下自动寻找更好的训练超参数（如每层的学习率等）。MetaP 能自动调整模型的训练参数，使训练过程更高效、更稳健，减少人工调参的成本。

随着技术的发展和创新，LLaMA 4 有望在更多领域实现突破。例如，Meta 正在研发专注于推理能力提升的 LLaMA 4 Reasoning 模型，以弥补 LLaMA 4 在事实核查推理方面的不足。此外，随着开源社区的发展，开发者有望通过先进的技术手段训练出继承 LLaMA 4 知识精髓的小模型，以满足用户的多样化需求。